"十三五"国家重点图书出版规划项目
改革发展项目库2017年入库项目

"金土地"新农村书系·果树编

火龙果

优质丰产栽培彩色图说

秦永华　张　荣　胡桂兵
陈建业　张志珂　刘成明 / 编著

SPM 南方出版传媒
广东科技出版社 | 全国优秀出版社
·广　州·

图书在版编目（CIP）数据

火龙果优质丰产栽培彩色图说/秦永华，张荣，胡桂兵等编著. —广州：广东科技出版社，2020.1（2022. 1重印）
（“金土地”新农村书系·果树篇）
ISBN 978-7-5359-7275-0

Ⅰ.①火…　Ⅱ.①秦… ②张… ③胡…　Ⅲ.①火龙果—果树园艺—图解　Ⅳ.①S667-64

中国版本图书馆 CIP 数据核字（2019）第233807号

火龙果优质丰产栽培彩色图说
Huolongguo Youzhi Fengchan Zaipei Caise Tushuo

出 版 人：朱文清
责任编辑：尉义明
封面设计：柳国雄
责任校对：冯思婧
责任印制：彭海波
出版发行：广东科技出版社
（广州市环市东路水荫路 11 号　邮政编码：510075）
销售热线：020-37607413
http：//www.gdstp.com.cn
E-mail：gdkjbw@nfcb.com.cn
经　　销：广东新华发行集团股份有限公司
印　　刷：广东鹏腾宇文化创新有限公司
（珠海市高新区唐家湾镇科技九路 88 号 10 栋　邮政编码：519085）
规　　格：889mm × 1 194mm　1/32　印张 3.5　字数 85 千
版　　次：2020 年 1 月第 1 版
2022 年 1 月第 4 次印刷
定　　价：22.00 元

前 言

Qianyan

火龙果原产于中美洲，分布于热带雨林及沙漠地带，属热带亚热带水果。火龙果喜光耐阴、耐热耐旱、喜肥耐瘠，具有适应性极强、采果期长、产量高等特点，因此受到了国内种植户的喜爱，其产业发展迅速。目前，中国是世界上最大的火龙果生产国，2018 年全国种植总面积约 5 万公顷，主要种植在广东、广西、贵州、海南、云南、福建和台湾 7 个省区，近年来，北方各省也开始利用大棚、温室等设施种植火龙果并获得了成功。火龙果是我国南方热带地区重要的支柱产业之一，是产区农民重要的经济来源，在目前的农业种植结构调整和产业扶贫中发挥着重要的作用。

火龙果营养丰富、功能独特，含有一般植物少有的植物性白蛋白、水溶性膳食蛋白和甜菜素，有减肥、美白、抗衰老、解毒、润肠通便、预防大肠癌等功效，深受广大消费者的欢迎。火龙果作为一种新型保健水果而兴起，食用火龙果的消费者增多，不仅使火龙果的市场需求量不断增大，而且在一定程度上进一步推动了火龙果产业的迅速发展。

我国火龙果种植区主要集中在南方各省区，高温高湿的气候有利于火龙果溃疡病、炭疽病、软腐病等病害的滋生和扩散蔓延，再加上各火龙果种植园的栽培管理技术参差不齐，基础设施不完善，缺乏一整套标准的栽培管理技术，导致现有的一些火龙果果园产量低、品质差、利润低，制约了火龙果产业的提质增效。

在这样的形势下，华南农业大学园艺学院火龙果课题组认为很有必要编写一本系统介绍火龙果栽培方面的书籍。在结合本课题组多年的研究工作并参阅大量有关参考文献的基础上，编写了《火龙果优质丰产栽培彩色图说》一书。在编写时，注重深度与广度、理论性与实用性的结合，并配以丰富的照片，以便于读者的理解。

本书具有内容全面、技术实用、文字通俗等特点，适合广大从事火龙果生产、技术推广及教学研究人员参考阅读。由于编者水平有限，书中难免有疏漏和不足之处，恳请读者批评和指正。

编著者

2019 年 9 月

目 录

Mulu

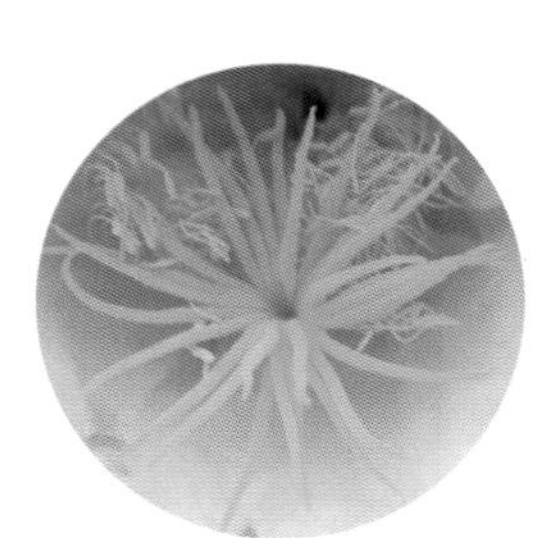

一、生产概述

火龙果因其外表肉质鳞片似蛟龙外鳞而得名。火龙果的称呼各地不一，也称红龙果、仙蜜果、长寿果、青龙果、吉祥果等。人们认为食火龙果可健康长寿，所以俗名叫“长寿果”，台湾又称“仙蜜果”。目前商业化栽培的火龙果有红皮红肉、红皮白肉和黄皮白肉 3 种类型。红皮红肉称为红龙果，红皮白肉称为玉龙果，黄皮白肉称为黄龙果（麒麟果或燕窝果），一般人们不分颜色，统称为火龙果。

（一）我国火龙果的种植情况

火龙果原产于中美洲的热带雨林地区，属典型的热带植物。后由法国人、荷兰人传入越南、泰国等东南亚国家及我国台湾省，再由台湾改良引进到海南、广西、广东、贵州等地栽培。火龙果在我国的栽培历史较短，但发展迅速，截至 2018 年底，全国种植面积已超过 70 万亩（亩为废弃单位，1 亩 =1/15 公顷≈ 666.67 米 ^{2}），目前仍在快速增长。

（二）火龙果的营养价值

火龙果营养丰富、功能独特，它含有一般植物少有的甜菜素、植物性白蛋白、水溶性膳食纤维，以及丰富的葡萄糖、维生素、氨基酸和矿质元素等，集水果、花卉、蔬菜、保健、医药为一体，具有很高的经济、营养和药用价值，是一种极具市场潜力的新型水果。

（1）富含甜菜素

火龙果是目前唯一富含甜菜素的大面积栽培水果。甜菜素是类似花色素的一种重要的植物次生代谢物质，是一种具有多种生物活性功能的水溶性含氮色素，具有抗氧化、抗自由基、防衰老、抑制脑细胞变性、预防老年痴呆症的作用。

（2）富含植物性白蛋白

火龙果富含一般果蔬中较少有的植物性白蛋白，这种活性白蛋白是具黏性、胶质性的物质，在人体内遇到重金属离子后会快速将其包裹住，避免被肠道吸收，通过排泄系统排出体外，从而起到解毒的作用。另外，植物性白蛋白对胃壁也有保护作用。

（3）富含水溶性膳食纤维

火龙果是一种低能量、高纤维的水果，水溶性膳食纤维含量非常丰富。水溶性膳食纤维是能够溶解于水中的纤维类型，具有黏性，能在肠道中大量吸收水分，使粪便保持柔软状态，具有润肠通便、减肥、降低血脂、改善口腔及牙齿功能、预防胆结石等功效。

（4）糖分以葡萄糖为主

火龙果所含的葡萄糖很容易被人体吸收，非常适合跑步后食用。由于火龙果的糖分以葡萄糖为主，吃起来不太甜，被误以为是低糖水果，其实火龙果的糖分比大家想象中的要高一些，因此糖尿病患者或血糖高的人士不宜多吃。

（5）富含维生素 C

火龙果花中，维生素 C 含量 298.4 毫克 / 千克，在火龙果果实中，维生素 C 含量为 80~90 毫克 / 千克。维生素 C 可以消除人体内产生的氧自由基，并具有很好的美白皮肤的效果。

（6）富含铁元素

火龙果铁元素含量比一般水果要高。铁元素是制造血红蛋白及其他含铁物质不可缺少的元素，对人体健康有着重要作用。

（7）种子富含核酸

火龙果中芝麻状的种子含有多种酶、不饱和脂肪酸和抗氧化物质，有抗氧化、抗自由基、促进胃肠消化、抗衰老和减肥的功效。

（三）植物学特性

1. 根

无明显主根，侧根和须根发达，根系极浅，一般分布在表土下10厘米的浅土层（图1）。主枝和侧枝都能萌发大量的气生根，在攀缘生长的同时可以通过气生根吸收水分、氧气和养分，维持植株生长。

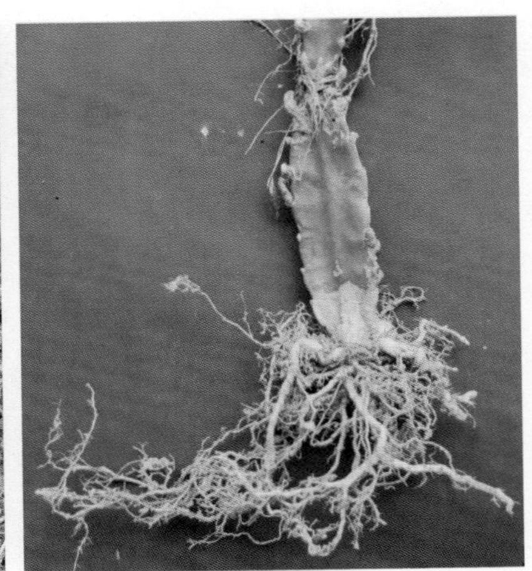

图1　火龙果的根系

2. 枝蔓

多年生，肉质，粗壮，棱边波浪状，以3棱为主，部分品种具有4棱（图2）。茎蔓幼茎黄绿色，尖端边缘部位有不同程度的红色，一年生成熟茎蔓多为绿色，多年生主茎为深绿色，是光合作用的主要器官。枝蔓上有一层厚蜡质；叶退化成刺座，刺座直径约2毫米，相距1~5厘米，每个刺座具刺1~8根，长0.2~1厘米。刺座是火龙果的花芽和枝条的芽原基。枝蔓上着生大量气生根，亦称攀缘根，可攀附于墙壁、棚架或其他支持物上（图 3）。

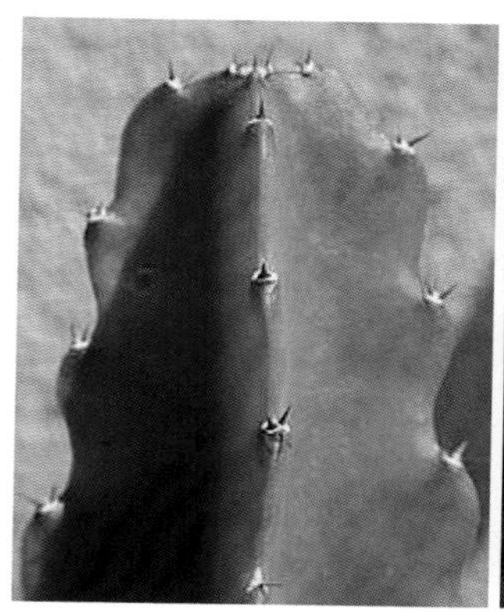
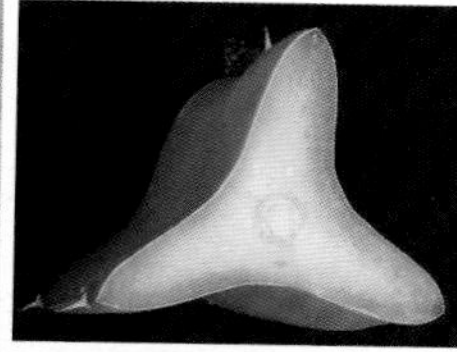
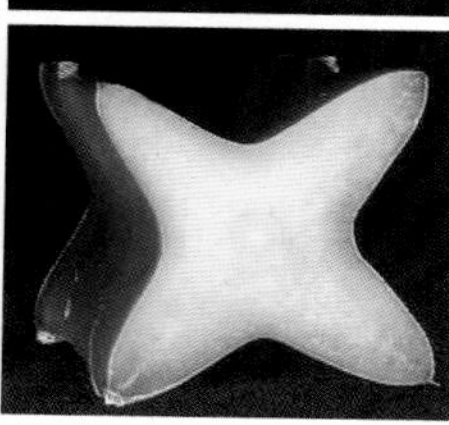

图 2 火龙果枝蔓

图 3 火龙果气生根

3. 花

花着生于茎节，单生，呈喇叭状。雌雄同花，花大，长 20~30 厘米，故有霸王花之称。苞片浅绿色或紫红色，尖端或边缘紫红色，披针形。花瓣宽阔，白色或红色（图 4），倒披针形，全缘。雄蕊多而细长，可达 700~900 条，分布在花柱四周，常低于花柱或与其持平。花药乳黄色，花丝白色；花柱细长，柱头黄绿色或淡黄色，裂片多达 24 枚（图 5）。

图 4 火龙果花

图 5 火龙果柱头

4. 果实

果实形状分长椭圆形、椭圆形或圆球形。成熟时，果皮颜色呈红色、黄色或绿色，果皮上有肉质叶状鳞片，鳞片绿色或红色（图6）。肉质浆果，果肉颜色有白色、红色、粉红色、外红内粉红色和外红内白色等（图7）。

图6　不同果皮颜色的火龙果

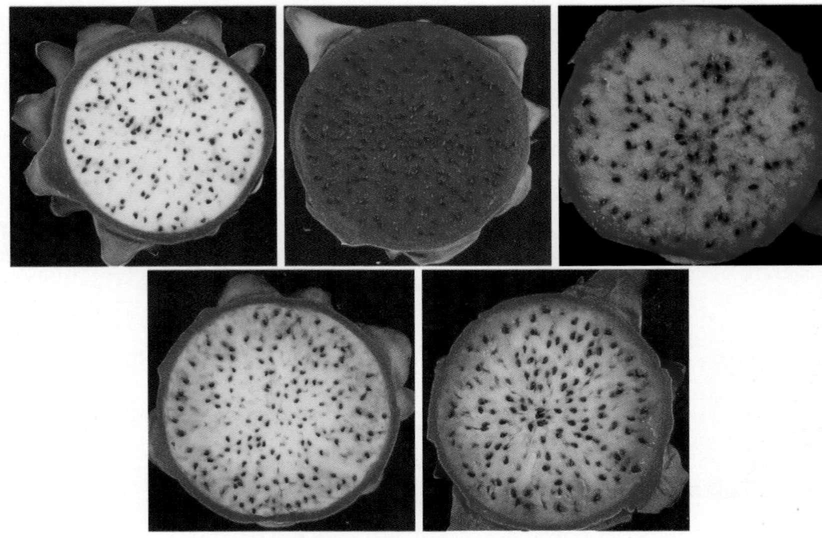

图7　不同果肉颜色的火龙果

5. 种子

火龙果果肉里含有芝麻状种子，数量多，呈倒卵形，种脐小（图 8），可食用。

图 8　火龙果种子

（四）生物学特性

火龙果最适宜的生长温度是 25~35℃，温度低于 10℃或高于 38℃即停止生长，临界低温为 0℃。

火龙果喜光耐阴，最适宜光照强度在 8 000 勒以上，在温度适宜的条件下（＞20℃），可以通过补光使火龙果全年持续挂果。

火龙果耐热耐旱、喜肥耐瘠。作为耐旱植物，其生长对水分要

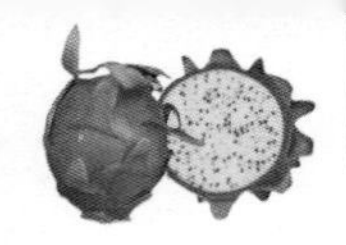

求不高，在极端干旱的条件下依然可以存活。但是，栽培过程为了提高产量，在开花结果期间，土壤含水量以 60%~80% 为宜。火龙果对土壤条件的要求不高，但以中性或微酸性、有机质含量高的沙壤土为宜。

火龙果植株生长旺盛，萌芽能力强，扦插苗种植第 2 年即可投产，第 3 年进入盛果期。管理得当，可以连续收获 20 年，植株寿命可达 100 年。不同品种的火龙果花期和果实成熟期稍有差异。花期一般在 5—12 月，一年多次开花、结果。从出现肉眼可见的花蕾开始，夏季 15~17 天即可开花（图 9）。虫媒花，一般在晚上 8：00 左右开始开花，次日上午花朵开始闭合萎蔫。每批果实的成熟期不一致，在广州地区，夏季（7—9 月）火龙果从开花到果实成熟需要 28~32 天（图 10 和图 11），春季、秋季需要 45 天左右，甚至 2 个月以上。

图 9　莞华红火龙果花的发育过程（广州市白云区，8 月）

注：a.2 天；b.4 天；c.6 天；d.8 天；e.10 天；f.12 天；g.14 天；h.16 天（白天）；i.16 天（晚上）

图 10　莞华红火龙果果实成熟过程果皮颜色的变化（广州市白云区，8 月）

注：a.16 天；b.19 天；c.22 天；d.23 天；e.24 天；f.25 天；g.26 天；h.27 天；i.28 天；j.29 天

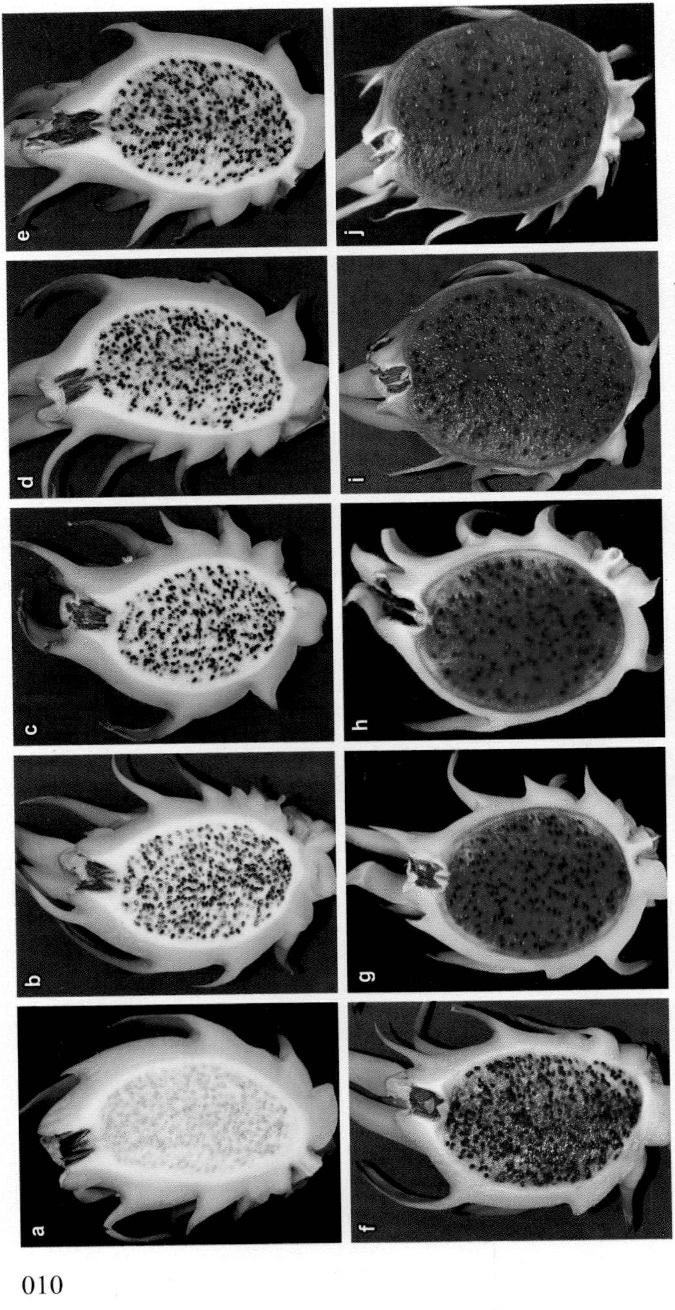

图 11　莞华红火龙果果实成熟过程果肉颜色的变化（广州市白云区，8 月）

注：a.16 天；b.19 天；c.22 天；d.23 天；e.24 天；f.25 天；g.26 天；h.27 天；i.28 天；j.29 天

二、主要品种介绍

随着我国火龙果种植面积的不断扩大，火龙果品种选育也取得了明显进展，据初步统计，2010 年以来我国共审（认）定的火龙果新品种已超过 20 个。目前，各个省审定的火龙果品种如下。

广东省（10 个）：红冠 1 号、双色 1 号、莞华红、莞华白、莞华红粉、粤红、粤红 3 号、仙龙水晶、大丘 4 号和红水晶 6 号火龙果。

广西壮族自治区（6 个）：桂热 1 号、桂红龙 1 号、美龙 1 号、美龙 2 号、金都 1 号和嫦娥 1 号火龙果。

贵州省（6 个）：粉红龙、晶红龙、紫红龙、晶金龙、黔果 1 号和黔果 2 号火龙果。

海南省（1 个）：紫龙火龙果。

台湾省：大红、水晶系列火龙果等。

这些审（认）定的火龙果新品种各有特色，由于区域气候对火龙果品质影响很大，因此不同地区规模化种植的火龙果品种也不同。本课题组经过多年观测和对种植大户的了解，在生产上表现较好的火龙果品种有大红、金都 1 号、美龙 1 号、红冠 1 号、双色 1 号、莞华红等。

1. 大红

2010 年台湾南投县陈永池和蔡东训两位果农选育而成，因果实大且果肉颜色深红而得名。

品种特性：果实椭圆形，单果重 400 克以上；果皮红色，鳞片短且薄，红肉（图 12）。果肉中心可溶性固形物含量 17.5%~20.1%，肉质细腻，味清甜，裂果率中等。自花亲和性好，柱头与花药距离短，不需要人工授粉及异花授粉即可有中等以上大小的果实，且开花期间遇雨亦不影响结果。该品种的缺点为果肉口感较不具脆感，皮薄，货架期较短。

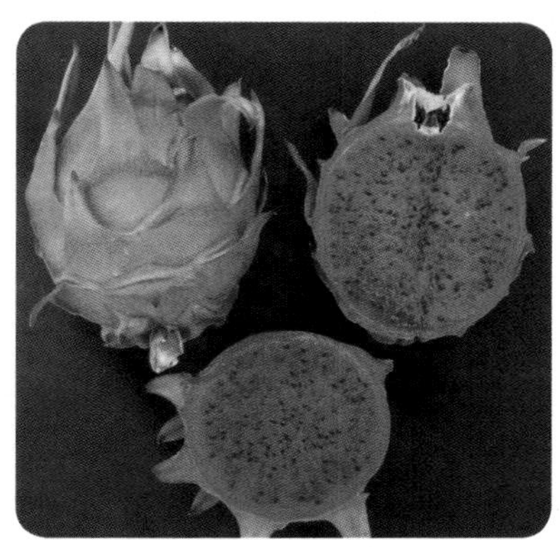

图 12　大红果实

2. 金都 1 号

广西南宁金之都农业发展有限公司从中南美洲火龙果原种与红肉种的杂交后代中选育而成。

品种特性：果实短椭圆形，果萼鳞片短且薄，顶部浅紫红色；果皮紫红色，厚度 0.15~0.38 厘米；果脐收口较窄且突出，不易裂果；单果重 570 克左右，果肉深紫红色（图 13）。肉质细腻，味清甜，有玫瑰香味，果肉中心可溶性固形物含量 21.2%，可食率 78.8%。自花亲和性好，不需要人工授粉即可结中大果。

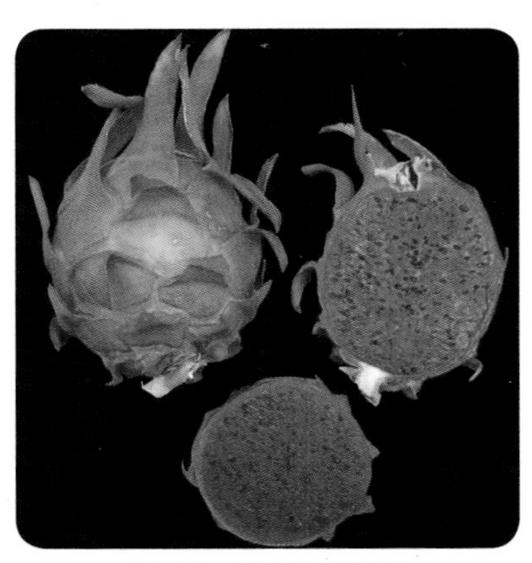

图 13　金都 1 号果实

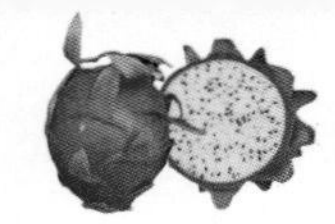

3. 美龙 1 号

广西农业科学院园艺研究所和南宁振企农业科技开发有限公司从越南引进的哥斯达黎加红肉和白玉龙杂交组合后代实生苗中选育而成。

品种特性：果实椭圆形，果皮鲜红色，厚 0.24 厘米；鳞片中等宽、长反卷；单果重 525 克左右，红皮红肉（图 14）。可食率 76%，果肉中心可溶性固形物含量 20.1%，果肉边缘可溶性固形物含量 14.9%；肉质脆爽、清甜微香。自花授粉结果率 89% 以上。果实转红后留树期 8~15 天（夏季 8 天，冬季 15 天），常温货架期 5~7 天。

图 14　美龙 1 号果实

4. 双色 1 号

华南农业大学园艺学院和东莞市林业科学研究所从红水晶火龙果实生繁殖群体中通过单株优选而成。

品种特性：果实近球形，果皮（暗）红色，鳞片长，略外张；果大，单果重 350 克左右，果肉颜色呈现双色（图 15）。其特色为果肉颜色随气温的高低而变化，6—7 月结的果实肉色与白肉种类似，近为白色；8—9 月结的果实近果皮为粉色，中心为白色；10—11 月果肉近果皮处为红色，中心为白色，11 月中下旬之后又转为粉红色。果肉中心可溶性固形物含量 18.4%~19.8%，可食率

79.7%，肉质细腻，清甜爽脆，口感极佳，香味独特，品质特优。自花结实能力强，不裂果，耐贮运。该品种的缺点为耐高温和耐低温能力稍差。

图 15 双色 1 号果实

5. 红冠 1 号

华南农业大学园艺学院和东莞市林业科学研究所从红水晶火龙果实生繁殖群体中通过单株优选而成。

品种特性：果实椭圆形，果皮紫红色，厚 0.3 厘米，鳞片较多；单果重 300 克左右，果肉紫红色（图 16）。品质特优，肉质细腻软滑、清甜，口感极佳。果肉中心可溶性固形物含量 18.7%~20.3%，可食率 78.6%。自花结实能力强，不易裂果，耐贮运。

图 16 红冠 1 号果实

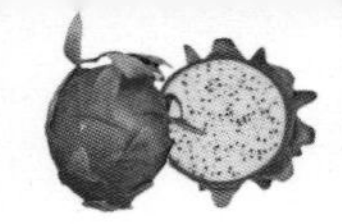

6. 莞华红

东莞市林业科学研究所和华南农业大学园艺学院从红水晶火龙果实生繁殖群体中通过单株优选而成。

品种特性：果实近椭圆形至球形，果皮鲜红色，厚 0.2 厘米，鳞片中等偏疏；单果重 337.7~448.3 克，果肉紫红色（图 17）。品质优良，肉质细腻软滑、风味浓郁，可食率 82.6%，果肉中心可溶性固形物含量 14.8%~17.2%，总糖含量 11.3%，可滴定酸含量 0.17%。自花结实能力较强，不易裂果，耐贮运。

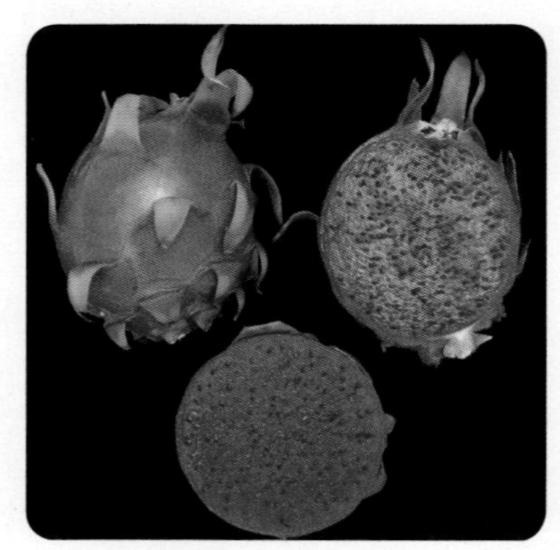

图 17　莞华红果实

7. 其他特色火龙果

（1）青皮白肉

又名红花青龙，花长 20~25 厘米，花瓣和花被红色（图 18）。果实椭圆形，果皮和鳞片绿色（图 19）；果小，单果重 200 克左右；果肉白色，中心可溶性固形物含量 22% 左右，肉质稍脆，清甜，口感极佳，具香气，品质特优。由于青皮白肉火龙果自交不亲和，需要异花授粉，产量低，目前只有少量栽培。始花期于每年 3 月下旬，终花期于 11 月上旬。在夏季，青皮白肉从现花蕾至花开放需要 16~18 天，花谢后 30~35 天果实成熟。果皮由绿色转成绿红色时表示成熟过度，可溶性固形物含量下降，风味变淡，品质显著下降。

图 18　青皮白肉火龙果花

图 19　青皮白肉火龙果果实

（2）青皮红肉

花长 25~30 厘米，花瓣乳白色，花被绿色。果实椭圆形，果皮和鳞片绿色；果大，单果重 430 克左右；果肉红色（图 20），中心可溶性固形物含量 16% 左右，肉质软滑、多汁，品质一般。在夏季，青皮红肉从现花蕾至花开放需要 16~18 天，花谢后 30~35 天果实成熟。果皮由绿色转成绿中带红色时表示成熟过度，果肉会变质从而不能食用。

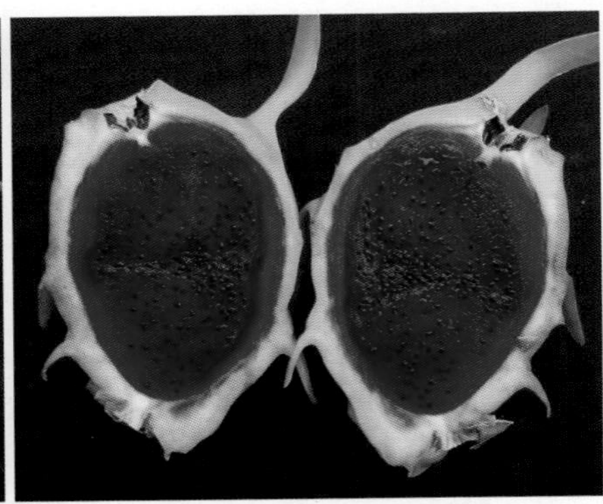

图 20　青皮红肉火龙果果实

（3）有刺黄龙果

又名麒麟果 / 燕窝果，从厄瓜多尔和哥伦比亚引进。果实椭圆形，果皮黄色、有光泽，鳞片退化成 4~10 根小刺，成熟果实小刺易脱落（图 21）；单果重 250 克左右；果肉白色，中心可溶性固形物 25% 左右，全果糖度分布较均匀，是火龙果中品质最佳、口感最好的一个类型；种子比其他类型的火龙果种子大。在夏季，有刺黄龙果从现花蕾至开花约 28 天，开花至果实成熟要 90~100 天。由于有刺黄龙果需要授粉，果皮带刺，果较小，产量低，易感病，目前只有少量栽培。

图 21　有刺黄龙果果实

（4）无刺黄龙果

从以色列和澳大利亚引进。植株长势较强，开花结果习性与红皮白肉类型的火龙果相似。果实椭圆形或扁圆球形，中大果，单果重 400 克左右；果皮黄色、有光泽，鳞片绿色；果肉白色（图 22），中心可溶性固形物 15% 左右，品质一般。由于无刺黄龙果需要授粉，口感一般，目前只有少量栽培。在夏季，无刺黄龙果从现花蕾至花开放需要 16~18 天，花谢后 30~35 天果实成熟。

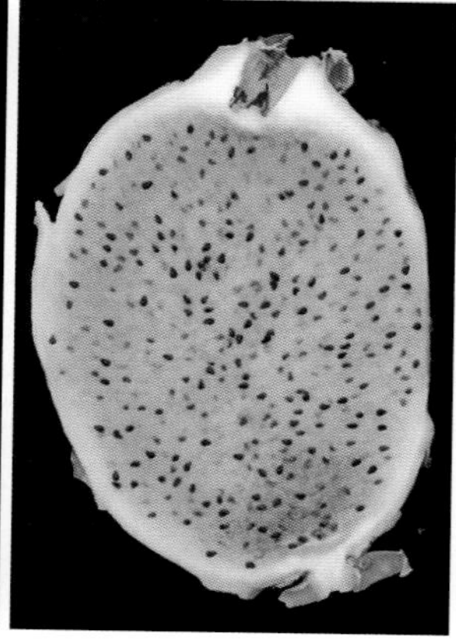

图 22　无刺黄龙果果实

温馨提示

由于各个地方的地理环境和气候类型不同，同一个品种在各地的表现可能有较大差异，因此一个品种的好与坏，要以当地种植测试结果为准。各地要根据当地的气候条件选择适合当地种植的品种，加强田间管理，合理施用水肥，才能得到理想的结果。

三、建园与定植技术

（一）建园技术

园地应避开工业区和交通要道，远离工矿厂区和公路主干线，宜选择空气清新、水质纯净、无污染源、农业生态环境质量良好，海拔400米以下，且坡度≤20°的地块建园。山坡地沿等高线修筑梯田，陡坡可采用等高种植。

火龙果建园要考虑园地周围环境的光照、温度、水分、土壤等因素。

1. 光照

火龙果是典型的阳生植物，喜欢温暖的直射阳光照射，如果光照时间长，阳光充足，光合作用就旺盛，枝蔓粗壮、浓绿，开花多，果大丰产，反之，结果量会明显减少。因此，火龙果建园应在开阔向阳的地带，坡地建园应选择坡的阳面。

2. 温度

火龙果是一种典型的热带亚热带水果，最适宜的生长温度为25~35℃，8℃以下则有不同程度的冻害，低于0℃会冻死。火龙果建园应选择年均温度22~25℃，极端最低气温＞0℃，月平均最低温度＞12℃或平均无霜期≥360天的地区为宜。

3. 水分

火龙果虽然是一种耐旱果树，但它是一种浅根系植物，根系好氧，喜湿润，不耐水浸。因此，火龙果建园要选择排灌条件便利的地方，并且要起垄种植，垄宽1.5米，高20~30厘米，可以采用喷灌、滴灌等方法进行肥水灌溉，优先选择滴灌系统。整个果园应建设几条主排水渠，以防止暴雨或者连续降雨后果园积水受涝。

4. 土壤

火龙果耐干旱、耐贫瘠，能够在山地、旱地、半旱地、石山地、荒地等地方生长良好，但以土壤疏松、土层厚度＞50厘米、地下水位＜60厘米、排水良好、富含有机质、呈微酸性（pH5.5~7.5）的沙壤土为宜。

（二）定植技术

1. 种苗选择

选择品质好、果大、产量高、自花结实能力强、耐贮运、不易裂果的品种。若种植授粉品种，应按照1∶10的比例配置授粉植株。种苗要求品种纯正，枝蔓饱满，无病虫害，苗高30厘米以上。

2. 种植方式

火龙果种植方式多种多样，但以单柱式种植和排式种植为主。单柱式种植的最大优势是灵活性强，无论是平地，还是起伏不平的山坡地或丘陵地，都可以采用单柱式种植；排式种植则要求土地必须平整，其最大的优势是产量高，每亩的产量要比单柱式种植高出1 000千克以上。

（1）单柱式种植

水泥柱的浇铸：水泥柱的规格为9厘米 ×9厘米 ×200厘米或10厘米 ×10厘米 ×210厘米。浇铸水泥柱时，要在中间放3~4根径粗≥6毫米的钢筋，距水泥柱顶部约5厘米处各留一个直径为1.5厘米的直孔，孔呈十字交叉。

将水泥柱埋入土中50~60厘米，埋放地下部分的水泥柱周围可以用石头或水泥固定，并夯实水泥柱周边的泥土。用2根直径约1.2厘米、长约60厘米的钢筋穿过水泥柱对穿孔形成十字架，可以在十字架上固定一个水泥圆盘、镀锌钢管或废旧轮胎作为支架（盘）（图23），以支撑火龙果枝蔓。支架（盘）距地面高度为1.3~1.5米。

（2）排式种植

采用水泥柱作为立柱，埋柱深度以牢固为度，一般水泥柱埋入土中 50~60 厘米；若用镀锌钢管作为立柱，基部应有混凝土墩基（图 24）。立柱上方用镀锌钢管或受力较强的钢绞线将立柱连成排状供枝条托附，钢管或钢绞线距地面高度为 1.4~1.5 米。离地面每隔 30 厘米可以设置固蔓线，以固定植株不受外力因素左右摇摆。排式种植应注意规划成南北行向，使两侧均匀受光。

图 23　单柱式种植架式

图 24　排式种植架式

3. 种植密度

（1）单柱式种植

单柱式种植株行距一般为 2 米 ×3 米，每亩 110 条水泥柱，在每条水泥柱的 4 个侧面距柱约 15 厘米处各种植 1 株果苗（图 25），共计 440 株 / 亩。

图 25　单柱式种植

（2）排式种植

排式种植株行距一般为（0.3~0.5）米 ×（2~3）米，行数和单行株数根据园地实际情况而定，可参考 20 行 ×44 株 / 行定植（图 26），共计 880 株 / 亩。

图 26　排式种植

4. 种植季节

火龙果周年均可种植，春季种植以 3—4 月为宜，秋季种植以 9 月下旬至 10 月中旬为宜。夏季种植要盖遮阳网保护，以避免高温为害。

5. 种植方法

先在种植穴里铺一层椰糠或其他疏松透气的有机质（图 27a），然后把苗放在有机质上，把根系舒展开，用细碎疏松的心土覆盖根部，覆土厚度 3~5 厘米（图 27b），然后用布条或尼龙绳将苗木中上部固定于立柱或竹竿上（图 27c）。最后淋透定根水，保持土壤湿度为 60%~80%，有条件的地方，可以用稻草、秸秆、谷壳、花生壳等覆盖树盘。

图 27　火龙果种植方法

注：a. 准备好种植穴；b. 种植；c. 绑缚

四、苗木繁育技术

火龙果可采用扦插法、嫁接法和组织培养法等繁殖方法。

（一）扦 插 法

扦插法适合繁殖材料供应多的品种，该法育苗能保持母本性状，繁殖量大，且容易生根，生产上广泛采用该方法进行苗木繁育。扦插法一年四季均可进行，以秋季为佳，因此时果园修剪枝条数量较多。具体方法如下：

1. 苗床的准备

选择通风向阳、土壤肥沃、排灌方便的田块，整细作畦，畦带沟 90 厘米宽（图 28）。每亩施腐熟鸡粪或牛粪 1.5~2 吨，掺入谷壳灰 1 吨，充分搅匀，在整地时施于畦面以下 10~20 厘米的表土层；再施 100~150 千克钙镁磷肥，用锄头充分搅拌，施于畦面下 4~5 厘米深的表土层中。

图 28　火龙果扦插苗床

2. 扦插

选取健壮、老熟、无病害的枝蔓，截成 25~50 厘米长，用百菌清等广谱杀菌剂处理后（图 29a），将茎段基部 1 厘米左右的肉质去除，留下中间木质部（图 29b），放在阴凉通风处晾干，3~5 天后按株行距 3~5 厘米插入大田或苗床中，扦插深度 3~5 厘米（图 29c）。浇透水，并喷洒 50% 多菌灵可湿性粉剂 500 倍液 1 次，保持苗床湿润、疏松和透气。待苗木长出新根后开始浇水施肥，每隔 10~15 天施 5~7 千克 / 亩复合肥，每株只保留一个芽点，其余芽点抹掉（图 29d），当新枝蔓长至 20 厘米以上即可移栽定植。

图 29　火龙果枝蔓处理及扦插

注：a. 枝蔓消毒；b. 枝蔓处理；c. 扦插于苗床上的枝蔓；d. 待移栽的植株

（二）嫁　接　法

嫁接法繁殖一般是针对稀有品种和自生根能力差的品种进行的。砧木可以用霸王花或其他根系发达、抗逆性强的火龙果品种。

1. 嫁接工具

火龙果嫁接用的工具有枝剪、取芽刀、嫁接刀（水果刀、裁纸刀等）、剪刀、起子、嫁接膜、标签、铅笔等（图 30）。为防止嫁接口感染病菌，嫁接前要用 75% 酒精对嫁接工具进行消毒。

图 30　火龙果嫁接用的工具

2. 嫁接方法

火龙果嫁接方法很多，主要有平接、插接（插肉接和插心接）、芽接（刺座接）、切接、套接等。嫁接时选取的接穗和砧木要健壮、无病害，砧木和接穗之间的截断面要紧密地贴在一起。

（1）平接

选取砧木的适当部位，用嫁接刀将砧木沿肉茎的水平线切断；然后取含有 3~5 个刺座的接穗，接穗底部切口也要平滑；将接穗切口与砧木切口紧密地贴在一起，并使二者的木质部相接，用胶带或嫁接膜将接穗与砧木固定紧（图 31）。平接嫁接操作简单，但不易固定。

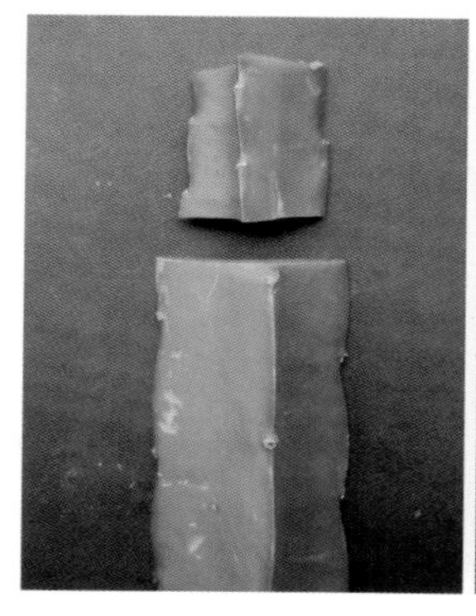

图 31　火龙果平接

（2）插肉接

选取砧木的适当部位，用嫁接刀将砧木沿肉茎的水平线切断；取老熟的接穗 5~7 厘米，将基部 2 厘米左右的肉质去除，留下中间木质部，插入砧木靠近木质部的肉质部中，然后用细绳（线）绑缚固定（图 32）。插肉嫁接速度快，适用于大规模嫁接。

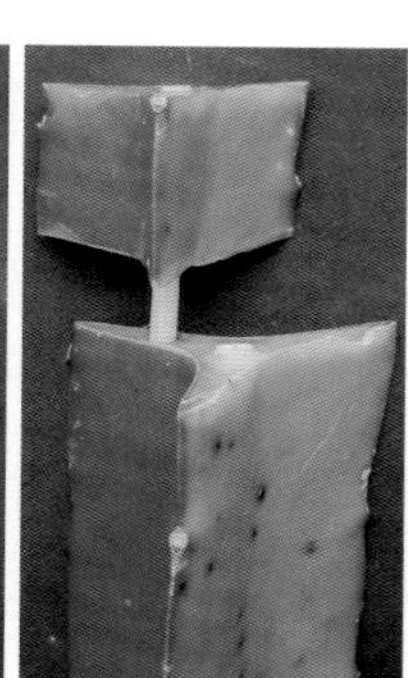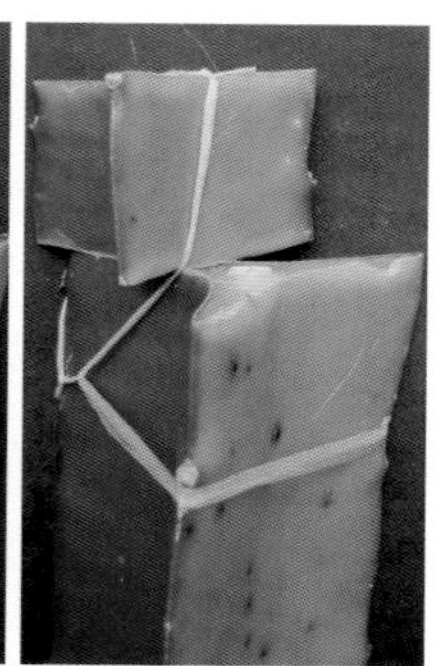

图 32　火龙果插肉接

（3）插心接

选取幼嫩砧木的适当部位，用嫁接刀将砧木沿肉茎的水平线切

断；取老熟的接穗 5~7 厘米，将基部 2 厘米左右的肉质去除，留下中间木质部，插入砧木的木质部中，然后用细绳（线）绑缚固定（图 33）。插心接要求接穗和砧木的木质部直径大小接近，此法适用于老熟的接穗嫁接到幼嫩的砧木上。

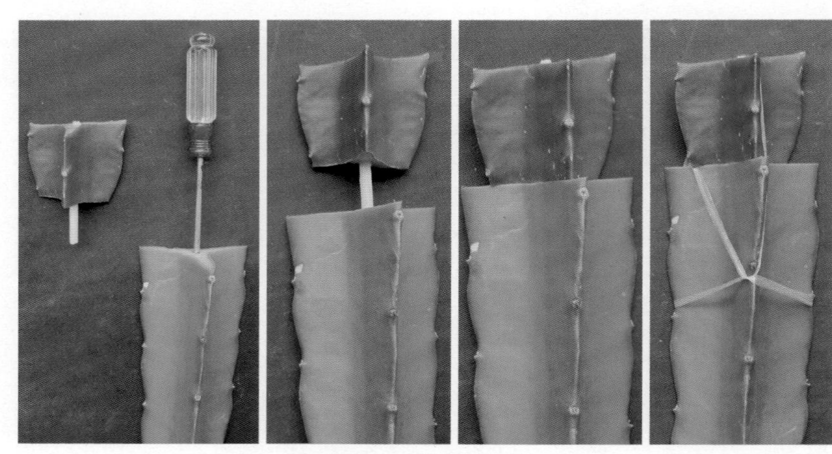

图 33　火龙果插心接

（4）芽接

取饱满的芽作为接穗，将接穗直接插入砧木，去掉芽的位置，使二者切口紧密地贴在一起，用细绳或胶带绑牢固定（图 34）。芽接技术要求较高，适用于嫁接珍稀品种（系）。

（5）切接

取 3~5 厘米的接穗，削掉一边的棱，将砧木一边的棱去掉，长度与接穗相同，然后将削好的接穗与砧木切口紧密地贴在一起，用胶带或嫁接膜缠紧固定（图 35）。切接能使砧木与接穗紧密结合，伤口愈合快，成活率高。

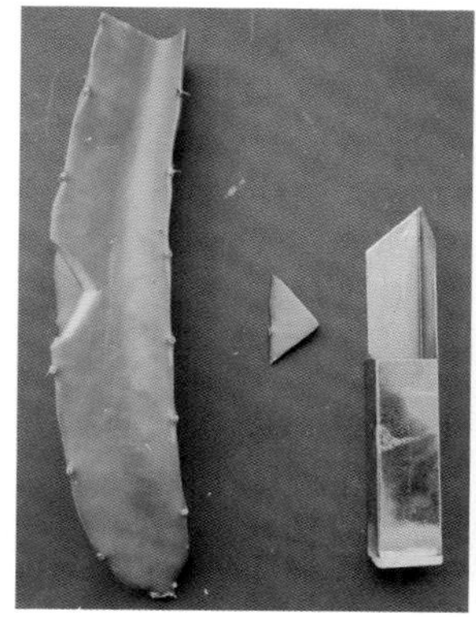
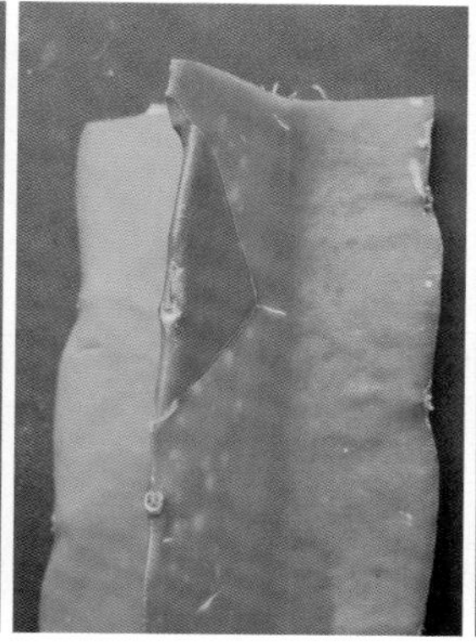
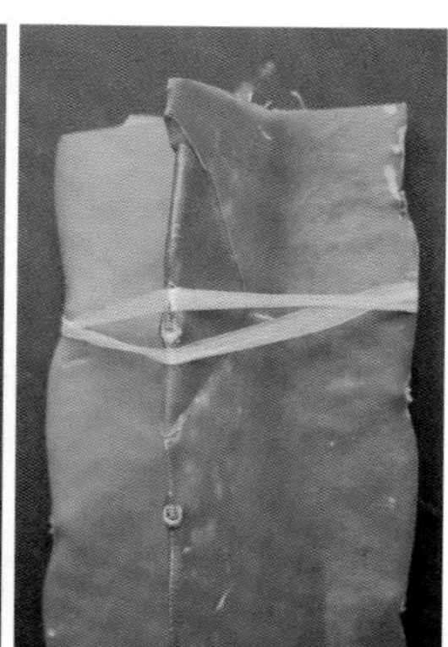

图 34　火龙果芽接

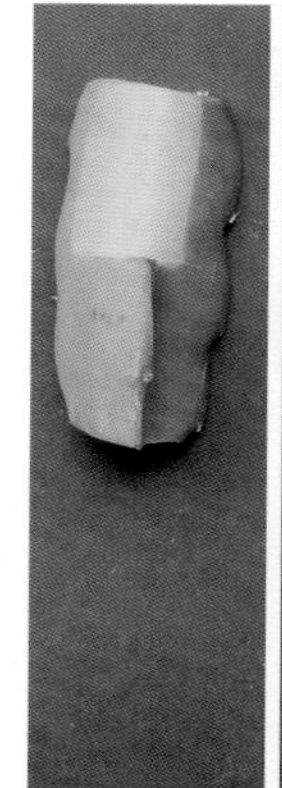
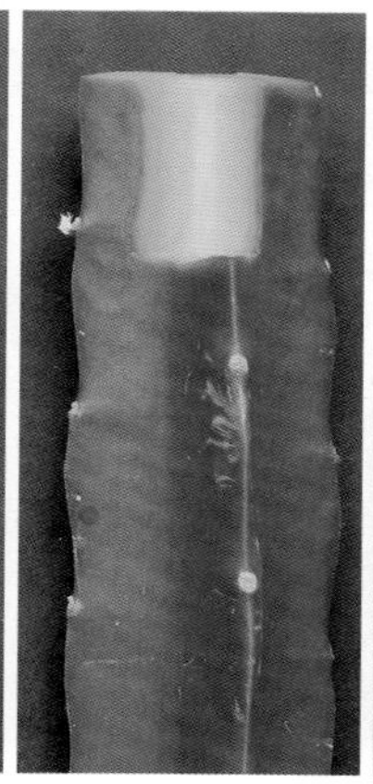

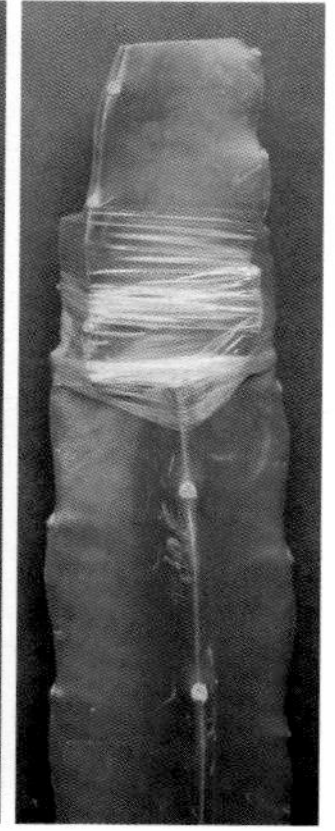

图 35　火龙果切接

（6）套接

选取砧木的适当部位，用嫁接刀将砧木沿肉茎的水平线切断，将顶端 3 厘米处的肉质去除，留下中间木质部；取 3 厘米长的火龙果接穗，用起子将接穗木质部去掉；然后把接穗插入砧木的木质部中（图 36）。套接是砧木的木质部直接与接穗的肉质部相接，嫁接时要让二者紧密接触，否则成活率和抽梢率会降低。

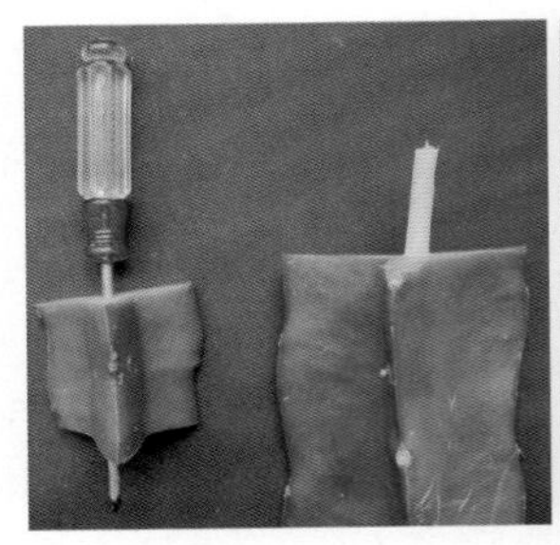
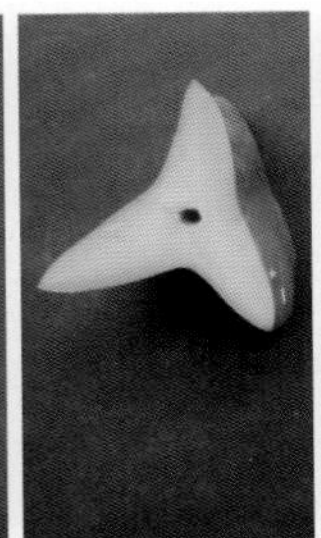
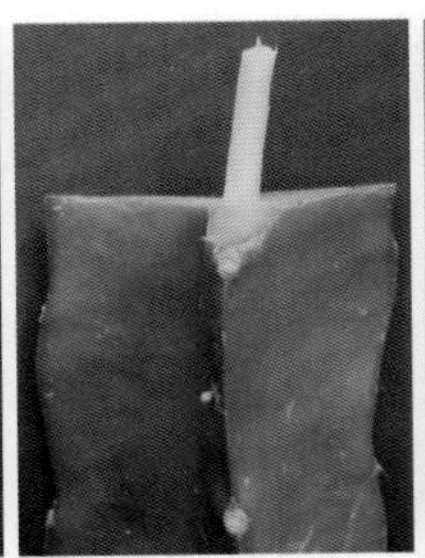
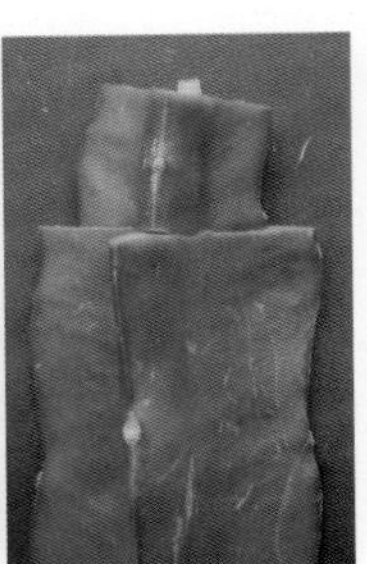

图 36　火龙果套接

3. 嫁接时间

火龙果嫁接以 3—10 月为宜。嫁接时应回避寒潮天、阴雨天和高温天，要选择晴朗天气进行，为了防止接口遇雨腐烂或太阳曝晒，嫁接后可以用纸杯或塑料杯将接穗罩住（图 37），以利于嫁接口充分愈合和接穗的生长。

图 37　火龙果嫁接后的保护

4. 嫁接苗管理要点

（1）在大棚内培养嫁接苗

大棚内温度比露地高，又能避开太阳暴晒和阴雨天气，有利于嫁接伤口愈合。

（2）保持一定的湿度

愈伤组织形成前，棚内相对湿度以 70% 左右为宜。湿度过低，枝条失水快，不利于伤口愈合；湿度过大，伤口易感染而腐烂。若空气过于干燥，不能采取苗床洒水或喷雾的方式增加湿度，以免水溅到嫁接口造成伤口感染，最好采用地面浇水的方式来增加空气湿度。

（3）检查成活与及时补接

温度控制在 25~35℃，嫁接 5~7 天后，接穗与砧木颜色接近，愈伤组织基本形成，表明嫁接已成活，之后便可进行正常的管护，否则要及时补接。

（4）及时绑缚

及时去掉砧木萌发的芽，并及时绑缚。

（三）组织培养法

组织培养法具有繁殖速度快、系数高、周期短、占用空间小、能周年安排生产等优点，可在短期内获得大量的优良无病种苗。火龙果组织培养快速繁殖过程如下：

1. 无菌体系的建立

取生长于温室里 1 年生健壮火龙果枝蔓，用软毛刷蘸少许洗洁精轻轻刷洗火龙果新生枝蔓，用自来水冲洗 30 分钟；在超净工作台上，切成 3~4 厘米长，用 75% 酒精处理 1 分钟，然后用 0.1% 升汞溶液消毒 10 分钟，再用无菌水冲洗 5 次，去掉茎段两端与药液接触的部分，再将茎段接种于没有附加任何激素的 MS 培养基上

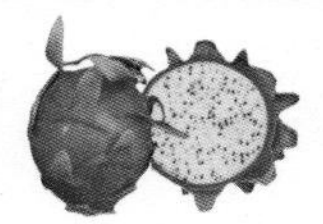

（图 38a），待芽长至 5~6 厘米时即可用于增殖实验（图 38b）。

图 38　无菌体系的建立

注：a. 刚接种的外植体（茎段）；b. 用于增殖的外植体

2. 增殖

取 MS 培养基上长势一致的外植体定芽，去掉根、气生根和顶端生长点，切成 0.5 厘米长（图 39a），以形态学下端垂直接种于增殖培养基 MS+ZT 3 毫克 / 升 +IBA 0.5 毫克 / 升上，1 个月后继代到新的增殖培养基上（图 39b），继续培养 1 个月，平均株高达 2 厘米以上，繁殖系数达 6 以上（图 39c）。

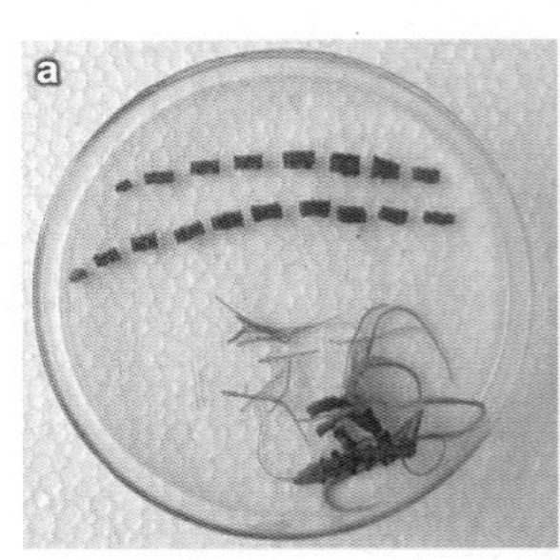
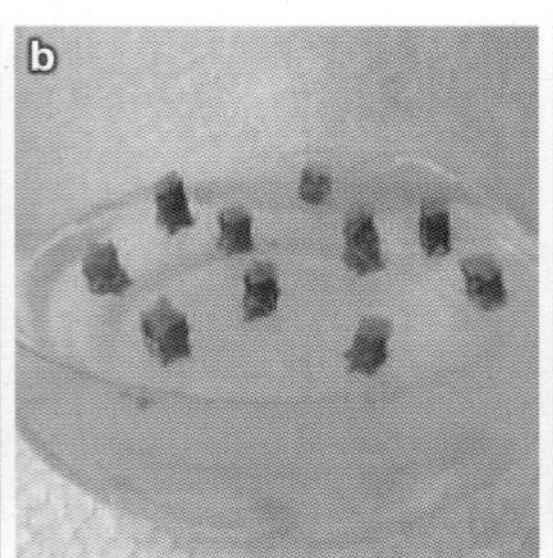

图 39　外植体的增殖

注：a. 将外植体切成 0.5 厘米长；b. 将外植体接种于增殖培养基上；c. 培养 2 个月后外植体的增殖情况

3. 生根培养

取约 2.5 厘米长的芽，去掉气生根，接种在生根培养基 MS+0.5 毫克 / 升 IBA 上，培养 30 天，生根率达 100%（图 40）。

图 40 诱导外植体生根

4. 炼苗移栽

用自来水将火龙果组培苗根部的培养基洗干净，移栽到湿润的泥炭土中，用喷雾器进行喷雾保湿 7~10 天（注意不要浇水，否则极易烂根），小苗成活率可达 100%。当小苗长至 30 厘米高时，即可种植到大田，正常管理下，15~16 个月即可开花结果（图 41）。

图 41 外植体移栽

五、田间管理技术

（一）施肥技术

1. 基肥

种植前1~2个月，在种植穴（沟）施入腐熟有机肥。推荐用充分腐熟的农家肥（发酵好的鸡粪、鸽子粪、猪粪、羊粪等）2 000千克/亩+花生饼或菜籽饼50千克/亩+过磷酸钙或钙镁磷肥15千克/亩，充分混合腐熟后使用，并与种植穴的表土拌匀后回穴至高出地面20~25厘米，浇水或淋雨2~3次后可开始种植。

2. 幼龄树施肥

幼龄树（1~2年生）以氮肥为主，做到勤施薄施，以促进植株生长。施肥宜用撒施法（图42a），忌开沟深施，以免伤根（图43a）。采用撒施法施肥时，将肥料均匀撒于植株周围的泥面上，注意不能把肥料直接撒到植株上，以防止肥料没有完全发酵而伤根（图43b）。提倡滴灌施肥（图42b），滴灌施肥不但节省人工，而且肥料利用率高（肥料用量可减少40%左右），同时能不断供给根系养分，最有利于火龙果的生长。滴灌施肥每次施肥量不要超过5千克/亩，以防止湿润带内形成高盐区域造成烧根。

图42　火龙果正确的施肥方法

注：a. 撒施法施肥；b. 滴灌施肥

图 43　火龙果错误的施肥方法

注：a. 开沟施肥；b. 把肥料直接撒到植株上

3. 结果树施肥

成年树（3 年生以上）以施有机肥为主，化肥为辅。化肥以磷、钾肥为主，控制氮肥的用量。开花结果期间要增补钾肥、镁肥和过磷酸钙，以促进果实糖分积累，提高品质。每年 7 月、10 月和翌年 3 月，每株施有机肥 4~5 千克 + 复合肥 0.2 千克或腐熟农家肥 5~7.5 千克 + 花生饼肥 0.5 千克 + 复合肥 0.25 千克，以增加树体养分，提高果实产量和品质。

4. 根外追肥

在花蕾迅速膨大期和果实迅速膨大期要进行根外追肥，要喷施一次 0.3%~0.5% 尿素 +0.2% 磷酸二氢钾混合溶液，也可结合防治缺素症，加入钙、镁、硼、锌、钼等微量元素肥料。根外追肥时注意添加表面附着剂，如有机硅等。根外追肥最好在下午 5：00 以后进行，此时火龙果枝蔓气孔开放，有利于养分吸收。

（二）灌溉技术

1. 灌溉时期

火龙果较耐干旱、怕涝，在温暖湿润、光线充足的环境下生长更为迅速。幼苗生长期应保持全园土壤湿润，土壤含水量为60%~80%最适合其生长发育。春、夏季节应多浇水，使其根系保持旺盛的生长状态。结果期要保持土壤湿润，以利于果实生长发育。冬季园地要控水，以增强枝条的抗寒能力。确定灌溉时期除根据土壤湿度和季节外，还要考虑气候条件和火龙果本身的生长发育阶段。生产上在下列时期要多浇水：

① 新枝蔓生长前后至开花期，此时土壤中如有足够的水分，有利于枝蔓的生长，可为当年丰产打下基础。

② 花蕾迅速膨大期，要多浇水，以利于果实的生长发育。以夏季为例，火龙果从现蕾到开花需要15~17天，花蕾迅速膨大期为现蕾后10~16天（图44）。

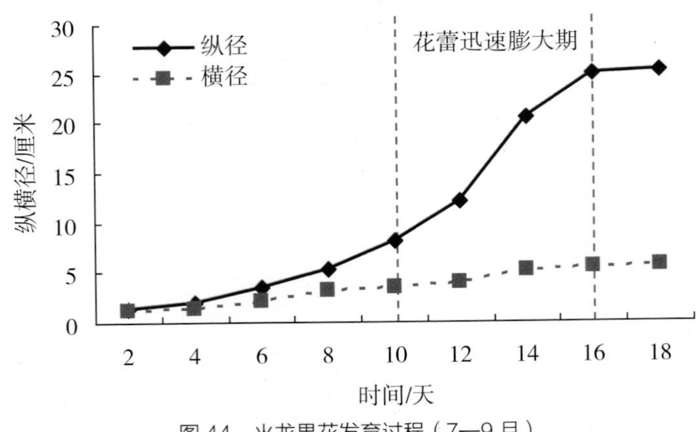

图44 火龙果花发育过程（7—9月）

③ 果实迅速膨大期，要及时浇水，以满足果实膨大对水的需求。以夏季为例，火龙果从开花到果实成熟需要28~32天，果实在成熟过程中有2次迅速膨大期，一次在开花后第3至第7天，一次在开花后第17至第23天（图45）。

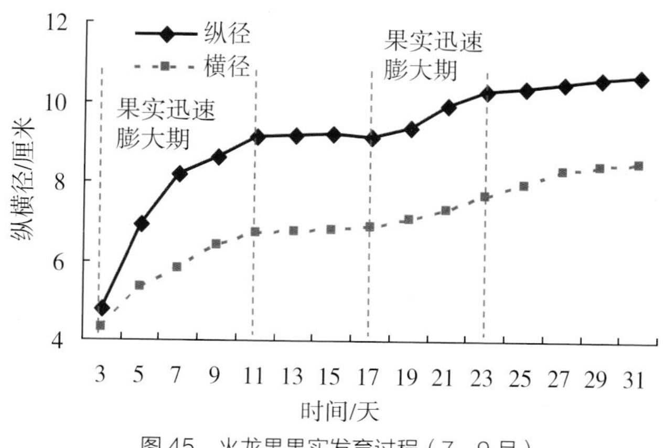

图 45　火龙果果实发育过程（7—9 月）

2. 灌溉方法

天气干旱时，3~4 天灌溉一次。灌溉时切忌长时间浸灌，浸灌会导致根系处于缺氧状态而死亡；也不要从头到尾整株淋水，淋水会导致湿度不均，诱发生理病变。火龙果果园提倡采用滴灌技术进行灌溉（图 46），不仅节水效果好，而且增产效果也十分明显，滴灌以湿透主要根系分布层的土壤为宜。

图 46　滴灌灌溉

3. 排水

火龙果属于浅根系植物，根系好氧，若土壤水分过多，透气性能减弱，会影响根的呼吸，严重时会使根系活跃部分窒息而死，导致茎肉腐烂，同时影响产量，降低果实风味，甚至引起植株死亡。因此，建园时一定要建好排水沟、排洪道等。排水沟的数量和大小要根据当地降水量的多少、土壤保水力的强弱及地下水位的高低而定。一般情况下，火龙果果园排水沟深约 1 米（图 47）。若在地下水位比较高的地方建园，需要起垄栽植，垄面高出地面 50 厘米以上（图 48a）；或通过挖排水沟等方法降低地下水位后再进行栽植（图 48b）；或采用控根器式根域限植栽培（图 48c），可以有效规避高地下水位，调控火龙果根域土壤的含水量。

图 47　火龙果果园排水

图 48　在地下水位高的地方建火龙果园采取的措施

注：a. 起垄种植；b. 挖排水沟降低地下水位；c. 采用控根器式根域限植栽培

（三）土壤管理

1. 行间管理

火龙果所需水肥较多，果园杂草生长很快，要及时把种植行间及畦面的杂草进行人工拔除。忌打除草剂，以免伤根。可以在行间铺黑色无纺布以防控杂草（图 49），也可以通过在行间作低秆的豆科植物以防控杂草（图 50）。或种草栽培管理，种草的高度保持在 15 厘米以下，过高可用割草机刈割（图 51）。适宜火龙果果园种植的草有三叶草、假花生、鼠茅草、苜蓿及一些低秆的豆科植物。花生、绿豆、大豆等豆科植物因其根瘤固定了大量的氮素，可以较大幅度地提高土壤的含氮量，对改良土壤、提高肥力极有益处。

图 49　盖地膜防控杂草

图 50　间作低秆豆科植物防控杂草

图 51　种草栽培防控杂草

2. 植株根系管理

火龙果根系裸露时应及时进行培土护苗，树盘内可以用稻草、秸秆、花生壳、菇渣、甘蔗渣等进行覆盖（图 52）。火龙果根系覆盖后不但可以使火龙果根系上浮，便于吸收空气和养分，而且还可以保持土壤墒情，同时还能抑制杂草生长。

图 52　火龙果植株根系覆盖

注：a、b. 稻草覆盖；c. 菇渣覆盖；d. 甘蔗渣覆盖

（四）产期调控技术

1. 补光设施的安装

火龙果开花与温度、光照息息相关。自然条件下，红皮红肉品种主要产期在 6—12 月，红皮白肉品种在 6—11 月。通过补光技术可以增加 5—6 月和 10—12 月的结果量，这两个时期昼夜温差大，果实糖度高，果大，价格高。

补光灯一般用 LED 灯，灯距 1.5 米 / 个，每亩地安装 160~180 个，每个灯 12~15 瓦。灯头要防水，并采用并联方式连接。灯可以放置在行间或柱顶，在柱顶悬挂的高度应该比火龙果植株略高（30~50 厘米），使光线垂直于侧枝（图 53）。

图 53　火龙果补光设施的安装方式

注：a. 灯放置在柱顶；b. 灯放置在行间

2. 补光时间

火龙果果园的补光时间因地而异，在广州地区，春季补光从3 月温度升至 20℃以上时开始。春季补光可以促进花芽提前分化，分化时间要比不补光提前约 1 个月，可增加前 2 批花的数量，提高坐果率，达到早开花、早产果的目的。秋季、冬季补光时间从 9 月

图 54　火龙果秋季补光结果情况

注：a、b. 补光；c、d. 没补光

底或10月初开始。秋季、冬季补光可以延后多开2批花（图54），加快果实生长速度，缩短果实生长周期，增加产量。补光时间从太阳落山开始（下午6：00左右），每天补光4~6小时即可。如果补光时间过长，火龙果枝条会出现白化问题，影响火龙果非补光时间段的光合作用速率。

（五）高接换种技术

高接换种技术是利用嫁接方法将植株更换，是果树品种快速更新的一种有效途径。火龙果高接换种的目的是更新需要人工授粉的水晶系列、普通红肉等老品种，可以当年嫁接，当年挂果，从而降低成本。

1. 高接品种的选择

目前还没有发现火龙果品种间存在不亲和的品种组合，很少有嫁接不存活的现象。接穗品种可优先考虑优质、高产、自花结实、不裂果的大红、金都1号、莞华红、红冠1号、双色1号等火龙果品种，这些品种获得了农户的好评，发展势头迅猛。

2. 高接换种的时期

以春季、初夏和早秋季节为最佳适宜期。高接时应回避寒潮天、中午烈日高温天、阴雨天等不利于嫁接的天气。

3. 嫁接方法

火龙果高接换种一般采用芽接、切接或插接的方法（图55）。具体嫁接方法见“四、苗木繁育技术（二）嫁接法”。

4. 高接换种后的栽培管理

（1）做好防晒和防雨工作

嫁接后的接穗在阳光下暴晒，会造成晒伤，遇雨则会导致嫁接口腐烂，影响成活率。为此可以用一次性纸杯或塑料杯遮盖接穗（图56）。

图 55　火龙果高接换种

注：a. 芽接；b. 切接；c. 插肉接

图 56　高接换种后的保护

（2）及时去侧芽和绑缚

嫁接成活后，要及时剪掉砧木上萌发的侧芽，接穗萌芽后要及时用布条绑缚（图 57），以防止撕裂嫁接口。

图 57　高接换种后的管理

（3）检查成活与及时补接

嫁接后 5~7 天要检查砧木和接穗之间是否完全愈合，没有愈合的要及时补接。

（4）病虫害防治

接穗萌发新枝蔓后，要防治斜纹夜蛾（图 58）、蜗牛和蚂蚁（图 59）等害虫为害。

图 58　高接换种后斜纹夜蛾为害

图 59　高接换种后蜗牛和蚂蚁为害

（六）越冬防寒技术

1. 发生条件

当温度为 8~15℃时，火龙果幼嫩枝蔓上会出现铁锈状斑点（橘黄色“霜风斑”）“冷害”（图 60），导致生长发育出现机能障碍；当最低温度为 0~8℃时，火龙果植株会遭受“寒害”，幼嫩枝蔓上会出现霜冻为害，一年生枝蔓会出现黄色霜冻斑点（图 61），可造成生理的机能障碍；最低温度为 0℃以下且持续时间超过 48 小时，火龙果成熟枝条会受到“冻害”，会引起火龙果枝蔓组织脱水而结冰，严重时会导致植株死亡，老枝蔓可能出现组织伤害或死亡（图 62）。

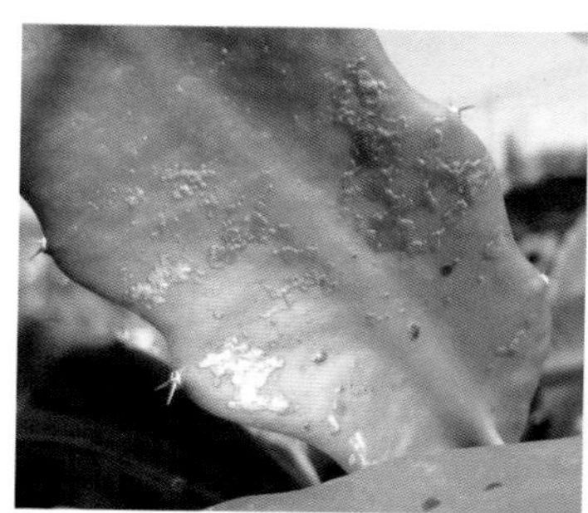
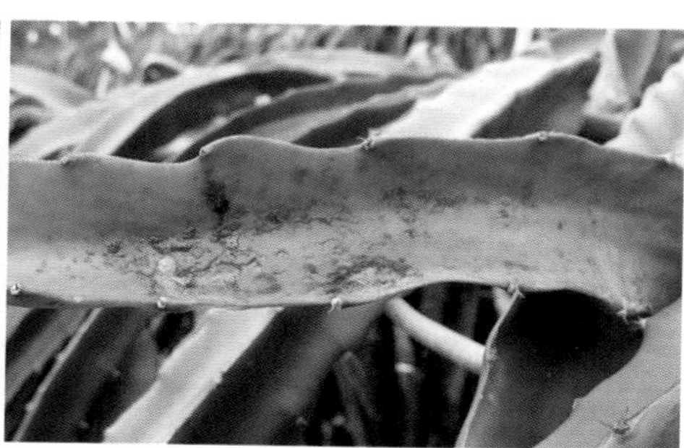

图 60　火龙果冷害

图 61　火龙果寒害

图 62　火龙果冻害

2. 防冻措施

每年的 12 月中下旬至 2 月上旬是霜冻发生频率较高的时段，要在密切注意当地长期天气预报的基础上，关注短期天气预报，预测霜冻发生的时间和强度，在温度下降前 1 周开始做好防寒防冻的准备工作，提前采用覆盖、喷水、灌水、熏烟、喷防冻药剂等综合措施预防。在南方有轻微霜冻或低温冻害的地区，可以采用稻草覆盖、防寒网（膜）、布、稻草遮挡等措施；在北方温度低的地方要采用设施栽培种植火龙果。目前生产上采用的防冻措施主要有以下几种方法。

（1）覆盖法防冻

在南方有轻微霜冻或低温冻害的地区，在低温霜冻来临之前可采用塑料薄膜、遮阳网、布或稻草等对整柱或整行覆盖（图 63a 至图 63d），以减少有效辐射和植株散热，缓和温度下降造成的影响，待气温回升稳定后再撤除覆盖物。覆盖法是最简单、最经济的防冻方法。

图 63 覆盖法防冻

注：a. 塑料薄膜；b. 遮阳网；c. 布；d. 稻草

（2）设施栽培

在霜冻严重和有雪的地方种植火龙果，要在大棚或温室里栽培（图 64），调控稳定园内温度，避免受害。

图 64 设施栽培

（3）熏烟增温

在偶尔发生霜冻的地方种植火龙果，可事先在果园四角及行间空隙处堆放半干半湿的树叶、锯末、秸秆、谷壳、杂草皮、木糠或防霜烟雾剂等原料，于霜降当晚 12：00 前在上风处点燃，可以防止霜冻发生。此法防霜冻效果好，且成本低，但在采用熏烟增温时要注意防火。

（4）喷植物生长调节剂或防冻药剂

低温来临前 1 周用青鲜素、乙烯利、多效唑或植物防寒抗冻液等均匀喷洒火龙果枝条，连续 2~3 次，每次间隔 10~15 天，可增强火龙果抗寒性。采用该方法进行防冻时要先小面积试验后，再进行推广应用。

（5）加强栽培管理

施足基肥，合理修剪，培育健壮植株，使植株体内有充足的养分积累，对增强抗寒能力有一定的作用。秋后增施有机肥可以提高土壤温度和植株抗寒能力。在冷冻害发生之前，使植株枝蔓充分老熟、浓绿饱满且无嫩芽，平时多施钾肥可以提高植株抗寒能力。

（6）其他措施

果园采取生草栽培、盖防草布、覆盖秸秆或草等措施，在霜冻来临前喷水或灌水等，可以明显减轻霜冻为害。

3. 低温寒害灾后恢复措施

（1）及时修剪、喷药

春季气温回升后，要根据果园的受冻情况及时修剪。若症状轻微的话则不需要剪除枝蔓，待其自然痊愈即可（图 65）；若症状严重的话则要剪除受冻的枝蔓，以防止腐烂部分向下蔓延。对于 2 年生以上叶肉局部受害的结果枝蔓，只要木质部没有受害，本着能保就保的原则进行修剪，可以用嫁接刀或水果刀对冻害腐烂处进行刮除，以防止腐烂部分蔓延（图 66）。修剪、刮除后要及时喷药，可以用 50% 甲基托布津可湿性粉剂 1 000 倍液、50% 多菌灵可湿性粉剂 800 倍液、70% 百菌清可湿性粉剂 500~1 000 倍液或 80% 代森锰锌可湿性粉剂 600~800 倍液 + 含氨基酸的叶面肥进行喷施。

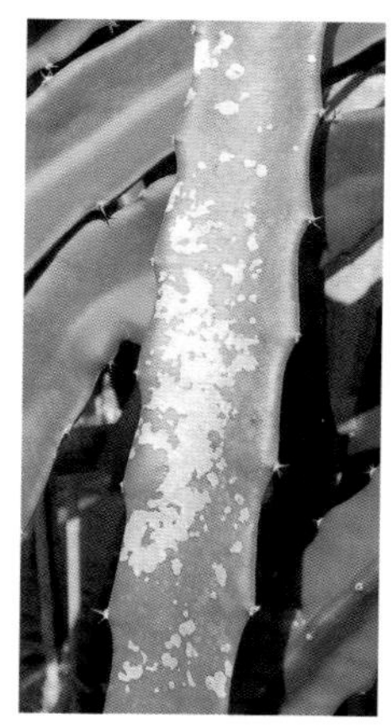

图 65　火龙果受低温寒害灾后恢复情况

图 66　叶肉局部受害的结果枝蔓

（2）及时浇水

枝蔓受冻后，会加速水分的流失，下午到傍晚水温较高时给植株浇点水，以增加地温，对低温寒害有一定的缓解作用。

（3）及时施速效肥料

在立春后及时追施以速效氮肥为主的肥料，以促进新枝蔓萌发，尽快恢复树形树势和开花结果能力。

（4）加强果园土壤管理

春季气温回升后要做好清园工作，及时将冻死的残株及腐烂枝蔓清除，并进行松土和培土，使果园土壤疏松透气，以利于根系生长。

六、整形修剪技术

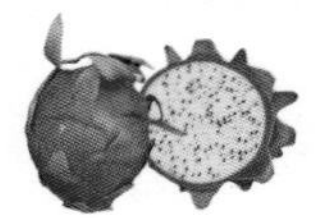

（一）幼苗期管理

幼苗期应剪除所有侧芽，每株苗仅保留 1 条向上生长的健壮枝（图 67），以利于集中养分向上生长和快速上架，并根据植株长势及时用布条或绳子将幼蔓绑缚在水泥柱或竹竿上，让枝蔓向上生长（图 68）。

图 67　火龙果幼苗期疏侧芽管理

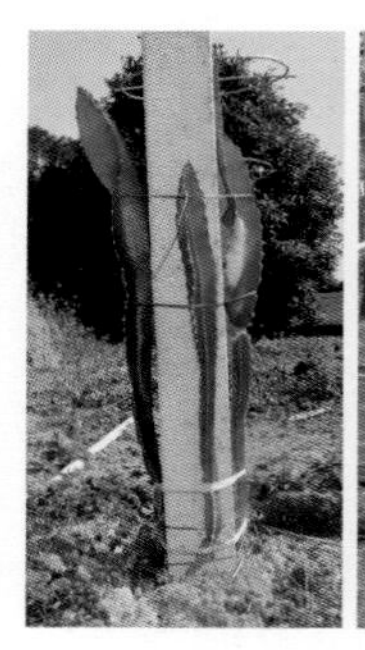

图 68　火龙果幼苗期绑缚管理

当枝蔓长至接近支架（盘）平行高度时，剪除顶芽，促其分枝，并选留 4~5 条生长健壮和角度分布较好的新芽，作为一级分枝，让其沿着水泥上的圆盘自然下垂生长（图 69）。一级分枝长到 35 厘米左右时再剪除顶芽促其分枝，每根枝条保留 4~5 个芽条，让其下垂生长，以便及早开花结果。

图 69　火龙果幼苗期管理

注：a、b. 剪顶芽，促分枝；c、d. 分枝下垂开花结果

（二）结果树管理

1. 整形

（1）疏去密枝，培养壮枝

火龙果自然发芽力较高，一般每条枝蔓可抽发 3 条以上的新枝蔓，生长旺盛期，应及时将过密、长势较弱的新芽疏去，以减少养分消耗，保障主枝的生长。为了增加强壮的结果枝，多余的枝蔓要

剪去，以利于树体营养的集中贮藏。同时，要对枝蔓进行打顶和短截，使下垂结果枝蔓的长度保持在1.2米左右，过长部分应去除（图70）。

（2）保持枝蔓离地高度

保持所有枝蔓离地30厘米以上（图70），一是为了方便树盘除草、施肥等工作，二是可以防止地面病原菌和害虫传播到枝条和果实上。

2. 修剪

进入盛果期的植株，要进行修剪。修剪方法：采用单柱式种植的每株留13~15条结果枝蔓；连排式种植的每株留7~8条结果枝蔓。所留枝蔓应均匀分布于植株的不同部位和方向，避免枝蔓间过多地交错、重叠和摩擦，这样既有利于通风透光，又能避免产生伤口。一般每株

图70　结果树整形

安排 2/3 的枝蔓作为结果枝，余下 1/3 的枝蔓应及时抹除花蕾，促进其营养生长，将其培养为强壮的预备结果枝；对直立生长的枝蔓进行截顶，促其多分枝，使枝蔓下垂。

植株一般每年修剪 2 次。第一次在春季 2—3 月进行，剪除冻害枝、病枝、弱枝、重叠枝、徒长枝和过密枝，以减少养分消耗并能促进光照，积累营养，为保留枝条的花芽分化及开花结果打下良好基础。第二次在 12 月果实采收结束后进行，剪除挂果多年的老枝条、病枝、郁蔽枝和过密枝，保留分布均匀、健壮的枝条（图 71a），促进其抽芽、生长和老熟，为翌年开花、挂果打下基础。每次修剪完毕，可以将修剪的枝蔓集中起来（图 71b），用小型枝蔓撕碎机处理（图 71c），堆积发酵后用作肥料覆盖到植株树盘（图 71d）。

图 71　火龙果修剪及枝蔓处理

注：a. 修剪；b. 集中修剪的枝蔓；c. 将枝蔓粉碎；d. 堆积发酵后用作肥料覆盖到火龙果树盘

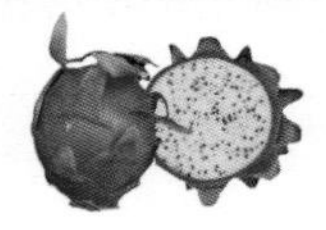

3. 花果管理

（1）人工授粉

自花坐果率低或自交不亲和的火龙果品种，需要人工授粉。有些红肉火龙果品种自花授粉结果率低，人工授粉可以明显提高坐果率和单果重量。种植自交不亲和的火龙果品种（如水晶系列），要间种 10% 左右的其他火龙果品种作为授粉树。若遇阴雨天气，要进行人工授粉，以提高坐果率。授粉要在夜晚花开或清晨花闭合前进行，具体方法：晚上 9：00 后花瓣和柱头充分展开时，用小毛刷或毛笔刮扫雄蕊上的花粉使其脱落，用塑料碗或不锈钢托盘于花下方接收脱落的花粉（也可以用大的一次性杯子罩在火龙果的花蕾上，拍一拍花蕾让花粉掉到杯子里），然后用毛笔或棉签把采集到的花粉涂到柱头上（图 72）。

图 72　人工授粉

（2）疏花

疏花应及早进行，一般花蕾长至 1~2 厘米时即开始进行疏花，每条结果枝蔓只留 2~3 个饱满花蕾（若留 2 个花蕾的话，2 个花蕾之间的距离要大于20厘米，且不在同一棱上（图73）。开花1~2天后可以把火龙果的花瓣剪去，只留下雌蕊（图73），一方面可以减少花瓣消耗营养，增大果重，另一方面可以避免花瓣腐烂而影响果实发育。

图73　疏花蕾和去花瓣

（3）疏果

谢花坐果后，要及时摘掉病虫果、畸形果，保证一条枝蔓同一批果留 1~2 个果（留 2 个果的话，2 个果之间的距离要大于 20 厘米，且不在同一棱上（图 74），以提高果实的商品价值。若一条枝蔓同一批果留 3 个以上时，单果重会变小，品质下降，同时会影响后续开花结果。

图 74　疏果

七、主要病虫害及其防治

目前，火龙果种植区多属于南亚热带季风气候，降雨充沛，高温高湿的气候易导致火龙果病虫害的发生和扩散蔓延。火龙果病害可以分为侵染性病害和非侵染性病害。侵染性病害主要有溃疡病、茎腐病、黑腐病、炭疽病、黑斑病、茎枯病、基腐病、果腐病等；非侵染性病害包括根腐病、低温为害、日灼、除草剂为害等。火龙果虫害主要有实蝇、斜纹夜蛾、蜗牛、蚂蚁、蚜虫、介壳虫等。此外，火龙果还会受到老鼠为害。火龙果病虫害防治要贯彻“预防为主、综合防治”的植保方针，坚持以“农业防治、物理防治、生物防治为主，化学防治为辅”的防治原则。由于火龙果肉质茎表面具有蜡质层，因此用药时要添加表面附着剂，如有机硅、1% 肥皂水或洗衣粉等，以增加粘附力，提高防治效果。现将我国发生严重的主要病虫害逐一进行概述，并根据病原菌类型和害虫种类给出防治建议。

（一）侵染性病害及防治

1. 溃疡病

（1）病原菌

火龙果溃疡病病原为新暗色节格孢（*Neoscytalidium dimidiatum*）。

（2）为害症状

该病是真菌引起的病害，在火龙果果园中发生普遍，病害从火龙果萌发嫩芽到开花结果期间均可发生，发病始于幼嫩的枝蔓，发病初期枝蔓上出现圆形凹陷褪绿病斑（图 75），病斑逐渐变成橘黄色（图 76），严重时整条肉质茎上密密麻麻布满了病斑，导致枝条腐烂（图 77）。高温干旱时受侵染部位呈灰白色突起，其上产生黑色分生孢子器，病斑直径可扩展到 1 厘米，受侵染部位缺刻或者穿孔（图 78）。

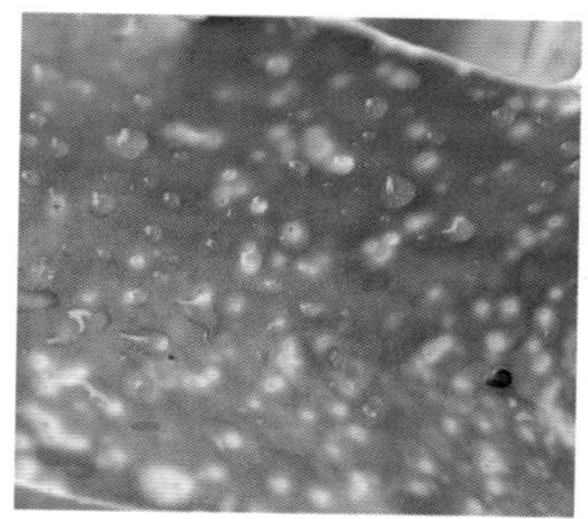

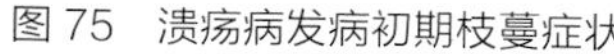
图 75　溃疡病发病初期枝蔓症状

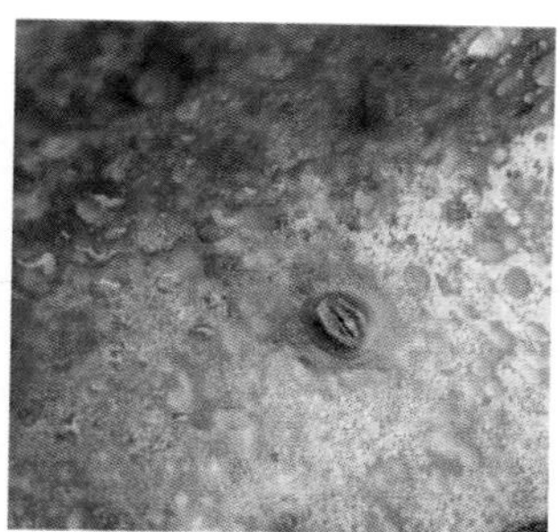
图 76　溃疡病发病中期枝蔓症状

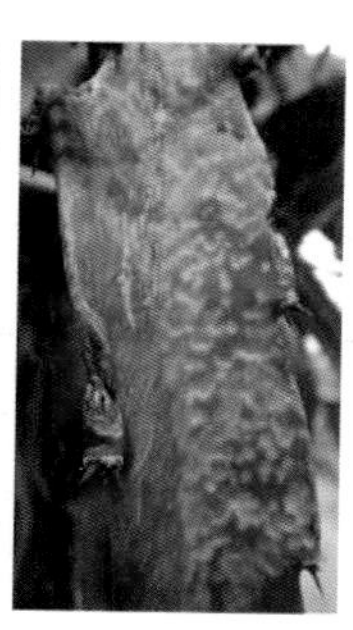
图 77　溃疡病发病后期枝蔓症状

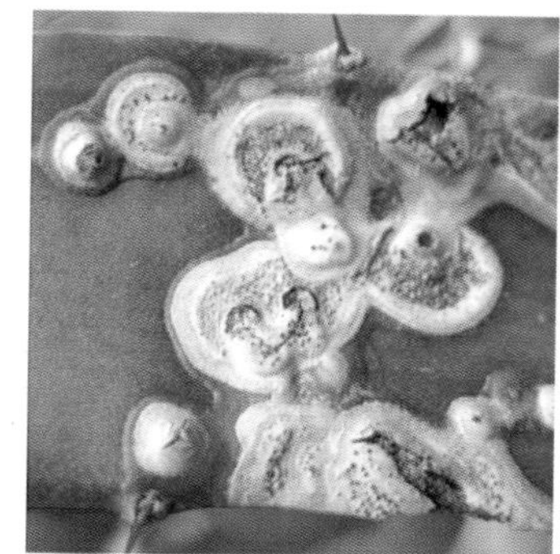

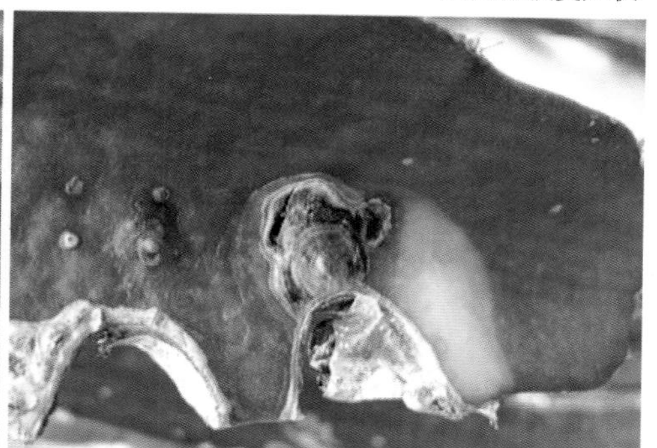

图 78　高温干旱时溃疡病症状

果实受侵染后，发病初期，幼果的鳞片和果实表面出现圆形凹陷褪绿病斑（图 79a），随着果实的发育病斑逐渐变成橘黄色（图 79b）。如遇雨水较多时，病害蔓延迅速，果顶盖口附近变褐变黑（图 79c），病斑上布满黑褐色颗粒状物（即为病菌的分生孢子器）

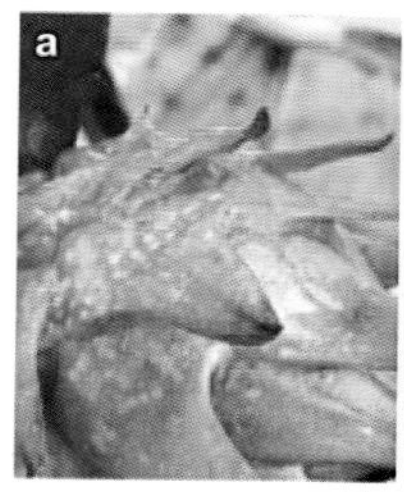

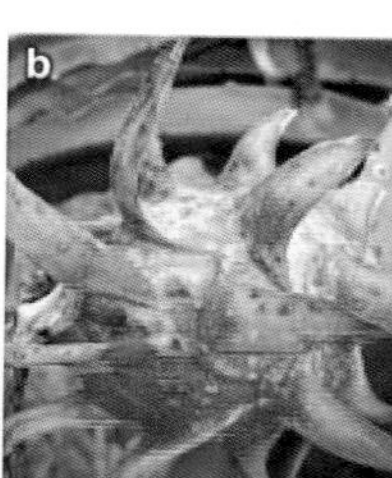

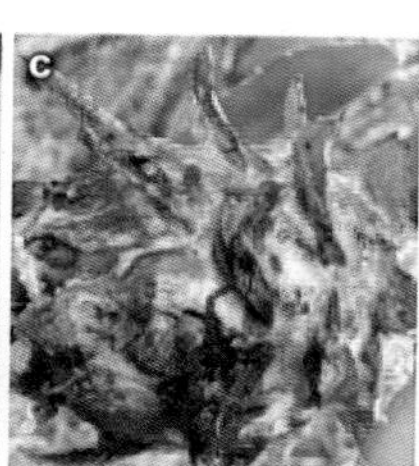

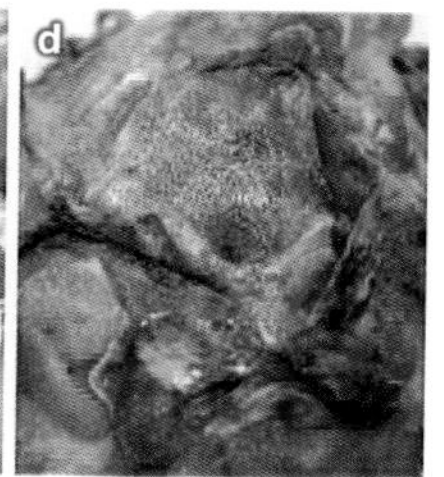

图 79　溃疡病果实症状

注：a. 发病初期；b. 发病中期；c 和 d. 发病后期

（图 79d）；若天气干旱少雨，随着果实成熟黄色病斑突起，呈灰白色，形成溃疡斑，其上着生分生孢子器（图 80）。

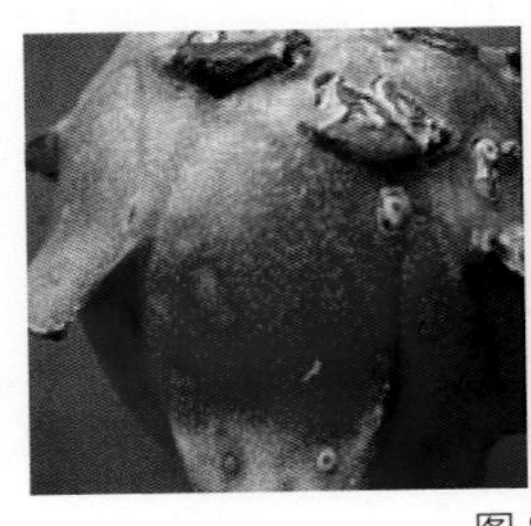  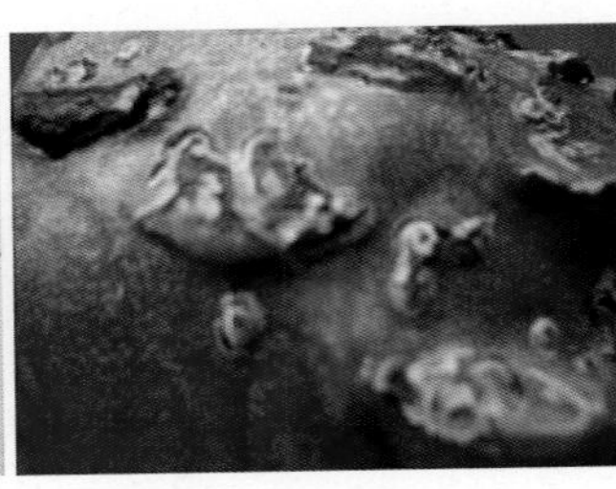

图 80　溃疡病在干旱少雨时果实上症状

（3）发生流行规律

火龙果溃疡病菌以菌丝体、厚垣孢子和分生孢子在三角茎病组织内越冬，翌年春季气温上升到 16℃和多雨季节时，老病斑释放分生孢子，借助风雨或昆虫传播，无需伤口病菌即可侵入嫩茎中进行初侵染；潜育 4~8 天，新产生的节孢子和分生孢子进行再侵染，辗转为害新梢、幼果。此菌耐高温，生长发育最适宜温度为 34℃，6—8 月多雨季节易流行成灾，9—12 月干旱高温季节会产生分生孢子器抗逆休眠。

（4）防治方法

①加强种苗检疫。火龙果新种植区的溃疡病由种苗传带，因此对外来火龙果种苗实行严格检疫，检查种苗是否有病斑，若有病斑则要将带病种苗的病斑切除，再将种苗用 70% 甲基托布津可湿性粉剂 800 倍液或 60% 百泰水分散粒剂 1 000 倍液浸 30 分钟。

②加强火龙果园栽培管理。施足基肥，合理修剪，培育健壮植株。施肥应以有机肥为主，并根据土壤肥力条件施用钙肥、钾肥等，以增加火龙果枝蔓蜡质层厚度，提高其抗性。

③清除病原。结合修剪和冬季清园，彻底剪除树上的病枝和病果，并集中起来，上面撒上石灰，用黑色塑料膜盖住以加快腐烂

速度。

④及时喷施农药。萌发春梢后，喷施45%石硫合剂150~200倍液或80%波尔多液200~300倍液4~5次，以保护幼嫩春梢。若结果期雨水较多，在下雨前后及时喷施70%甲基托布津可湿性粉剂800~1 000倍液、45%咪鲜胺水乳剂800~1 000倍液、250克/升丙环唑乳油1 500~2 000倍液、400克/升氟硅唑乳油1 000~1 500倍液、75%肟菌·戊唑醇水分散粒剂2 000~2 500倍液、60%百泰水分散粒剂1 000~1 500倍液、75%百菌清可湿性粉剂500~700倍液、80%代森锰锌可湿性粉剂500~700倍液或80%福·福锌（福美双·福美锌）可湿性粉剂800~1 000倍液等。

⑤加强抗病品种选育，种植抗病品种。目前没有对溃疡病高抗的火龙果品种。相对而言，白肉火龙果较红肉火龙果抗性高，可适量种植白肉火龙果。但红肉火龙果品质较好，单价也高，果农偏向种植红肉火龙果，也是火龙果溃疡病发生越来越频繁的原因之一。

2. 茎腐病

（1）病原菌

镰孢菌属（*Fusarium* sp.）。

（2）为害症状

病原菌可为害火龙果枝蔓和成熟果实。此病多发生在老枝蔓的茎边缘处。发病初期枝蔓边缘出现黄化病斑（图81），呈软腐状（图82），病斑逐渐变成褐色，最后茎边缘干枯缺刻（图83）。对于成熟果实的为害主要发生在采后贮运过程中，可引起果实腐烂，失去商品价值。

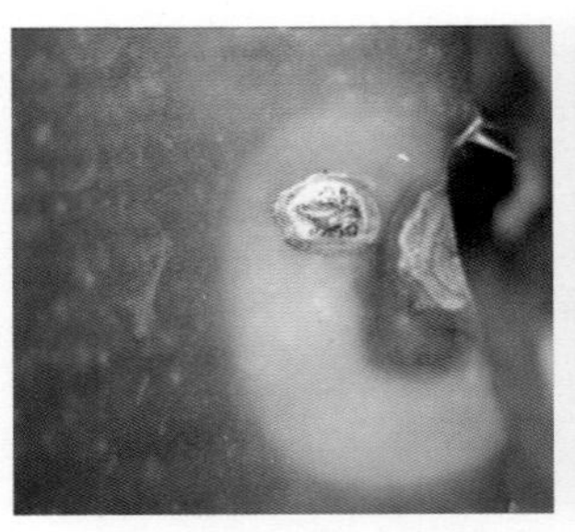

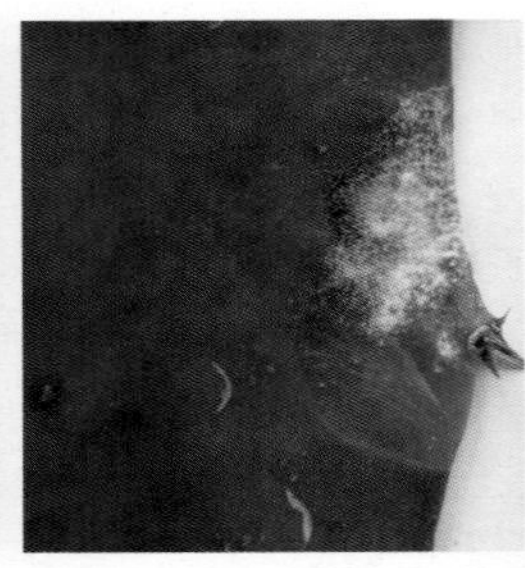

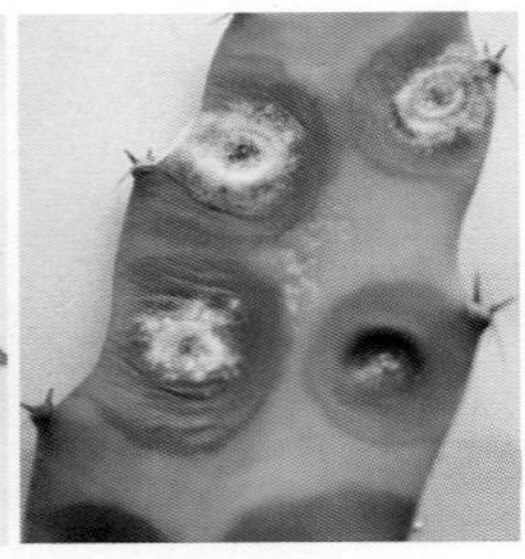

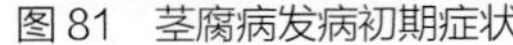

图 81　茎腐病发病初期症状

图 82　茎腐病呈软腐状

图 83　茎腐病发病后期症状

（3）发生流行规律

茎腐病以菌丝体、厚垣孢子在病组织内越冬，翌年春季气温上升到 20℃以上，多雨高湿时，老病斑上产生分生孢子，借助风雨或昆虫传播，当植物组织有伤口时，病菌即可侵入植株造成为害。

（4）防治方法

①加强种苗检疫。对引入新种植区的火龙果苗进行检疫，禁止病菌带入新区。

②加强火龙果园栽培管理。施足基肥，合理修剪，培育健壮植株。施肥应以有机肥为主，并根据土壤肥力条件施用钙肥、钾肥等，以增加火龙果枝蔓蜡质层厚度，提高其抗性。

③彻底清除病枝。结合修剪和冬季清园，彻底剪除树上的病枝，并集中销毁。

④冬季做好防冻措施，避免枝条受到冷害；合理修剪，让枝蔓均匀分布，以减少枝条机械伤害，并及时喷施农药。农药可选用45%咪鲜胺水乳剂800~1 000倍液、60%百泰水分散粒剂1 000~1 500倍液、80%代森锰锌可湿性粉剂500~700倍液或80%福·福锌（福美双·福美锌）可湿性粉剂800~1 000倍液等。

3. 黑腐病

（1）病原菌

火龙果黑腐病病原为仙人掌平脐蠕孢（*Bipolaris cactivora*）。

（2）为害症状

病原菌可为害火龙果枝蔓和果实。茎部受侵染后，出现不规则圆斑，侵染部位稍凹陷，变褐色，病菌可穿透表皮，侵染至叶肉细胞（图84）。侵染成熟果实的果面和果顶部，被侵染部位变黄，呈软腐状，后期果面长有大量黑色霉层（图85）。

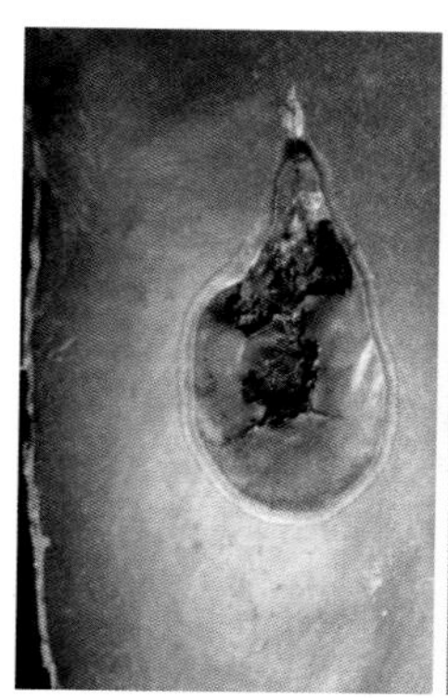
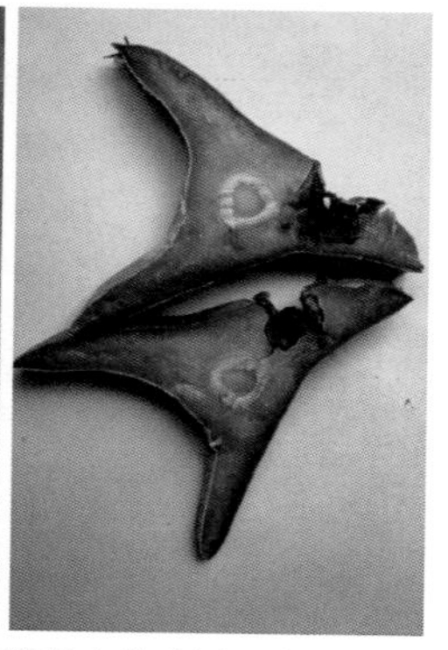

图84　黑腐病为害枝蔓部症状（刘月廉　供）

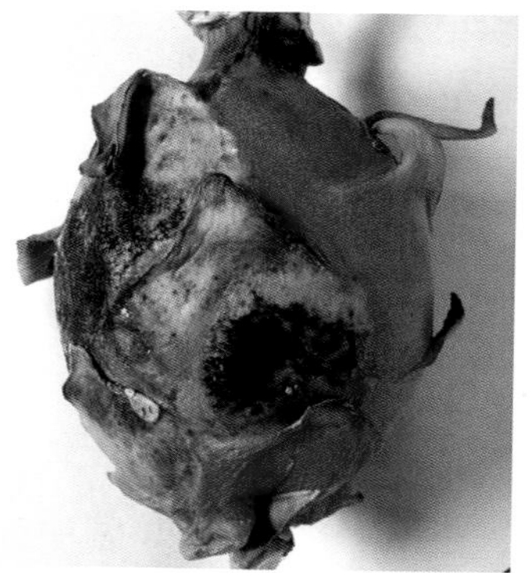

图85　黑腐病为害枝蔓部果实症状（刘月廉　供）

（3）发生流行规律

病原菌以菌丝体在病组织内越冬，待翌年春季气温上升到20℃以上，老病斑上产生分生孢子，借助风雨或昆虫传播，当温度达到30℃左右时，为害会加重。

（4）防治方法

① 加强种苗检疫。对引入新种植区的火龙果苗进行检疫，禁止病菌带入新区。

②加强火龙果园栽培管理。施足基肥，合理密植，合理修剪，培育健壮植株，并根据土壤肥力条件施用钙肥、钾肥等，提高植株抗性。

③彻底清除病枝。结合修剪和冬季清园，彻底剪除树上的病枝和病果，并集中销毁。

④高温多雨天气适时喷施农药。可选用50%异菌脲可湿性粉剂 2 500~3 000 倍液、10%苯醚甲环唑水分散粒剂 2 500~3 000 倍液、45%咪鲜胺水乳剂 2 500~3 000 倍液、12.5%腈菌唑乳油 2 500~3 000 倍液或 25%丙环唑乳油 2 500~3 000 倍液。

4. 炭疽病

（1）病原菌

火龙果炭疽病病原为炭疽菌属真菌（*Collectotrichum* sp.）。

（2）为害症状

病原菌可为害受伤的火龙果枝蔓和成熟果实。初感染时茎组织产生褐色病变，病斑扩大而互相愈合连成片，逐渐变为黄色，呈软腐状，受侵染部位产生黄色黏孢团，后期产生小黑点，并突起于茎表皮（图 86）。果实成熟前不感染，转色后才会被感染，一旦果实受感染，受侵染部位变褐色，凹陷呈腐烂状。炭疽病也是火龙果采后贮藏期间的重要病害，果实感染病菌后，初期呈水渍状，然后逐渐向果顶处扩展，病斑上有大量黄色黏孢团；干燥时病斑边缘呈灰白色，中间呈淡灰色至灰色，后期受侵染部位形成轮纹斑（图 87）。

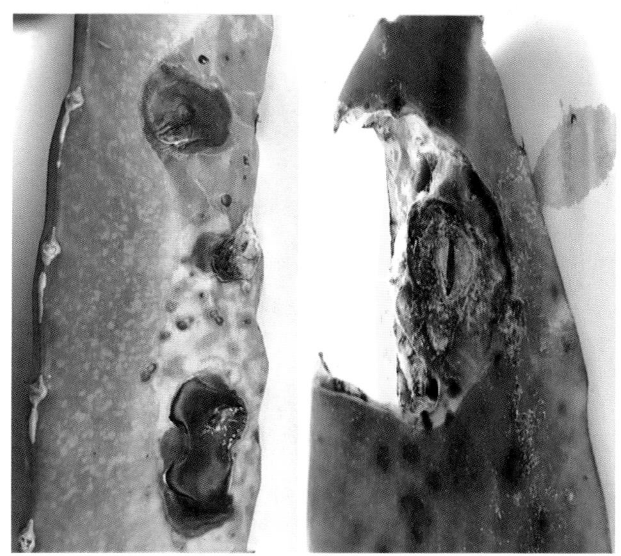

图 86　炭疽病茎部症状

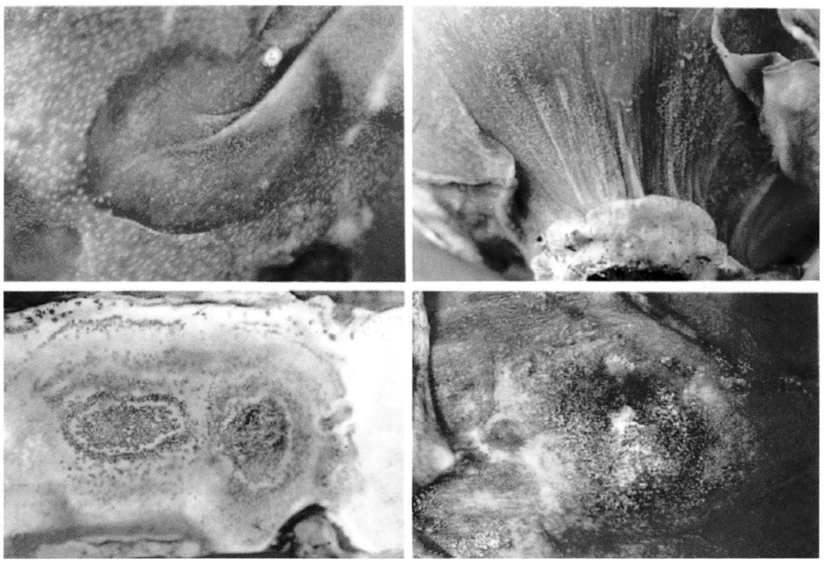

图 87　炭疽病果实症状

注：引自 *Japanese Journal of Phytopathology*，2006

（3）发生流行规律

病菌以菌丝体、分生孢子盘和子囊壳在病株和病残体上存活越冬。翌年产生孢子，以分生孢子或子囊孢子作为初侵染源，借助风雨或昆虫入侵伤口，不断产生孢子进行侵染。病菌发育最适宜温度为25℃，昼夜温暖的高湿天气有利于发病。当火龙果枝蔓有伤口时，该病菌即可侵入植株造成为害。

（4）防治方法

①加强种苗检疫。对新种植区的扦插苗进行检疫，禁止病菌带入新区。

②加强火龙果园栽培管理。施足基肥，合理密植，修剪过密枝条，培育健壮植株。施肥以腐熟的有机肥为主，并根据土壤肥力条件施用钾肥、钙肥等，提高植株抗性。

③彻底清除病枝。结合修剪和冬季清园，彻底剪除树上的病枝，并集中销毁，减少田间病源。

④冬季做好防冻措施，避免枝条受到冷害；合理修剪，让枝蔓均匀分布，以减少枝条机械伤害和虫害。

⑤药物防治。可选用70%甲基托布津可湿性粉剂1 000倍液、45%咪鲜胺水乳剂800~1 000倍液、60%百泰水分散粒剂1 000~1 500倍液、80%代森锰锌可湿性粉剂500~700倍液或80%福·福锌（福美双·福美锌）可湿性粉剂800~1 000倍液等。

⑥起垄栽培。起垄栽培既可防止水淹，又可促进根系生长。

5. 黑斑病

（1）病原菌

火龙果黑斑病病原为链格孢属（*Alternaria* sp.）。

（2）为害症状

此菌多为弱寄生菌，主要为害因冷害受伤的成熟枝蔓。火龙果枝蔓受到冷害后，出现成片褪绿凹陷或者抵抗力下降，细胞死亡，链格孢极易侵染，发病组织变褐色或者变成灰色，发病部位和健康枝蔓交界处明显（图 88），发病后期，病斑上出现黑色霉层（图 89）。

图 88　火龙果黑斑病发病初期症状

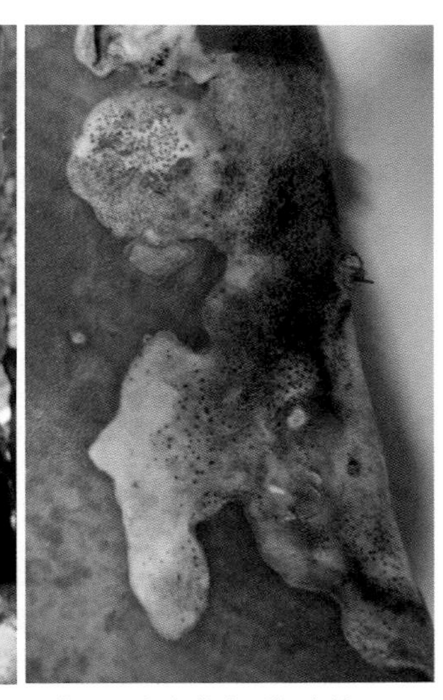

图 89　火龙果黑斑病发病后期症状

（3）发生流行规律

病菌以菌丝体或分生孢子在病株和病残体上存活越冬。当温度和湿度适宜时，产生的分生孢子会借助风雨或昆虫传播。该病菌发育适宜温度为 22~30℃，高温高湿有利于发病。当火龙果枝蔓有伤口时，该病菌即可侵入植株为害。

（4）防治方法

①加强火龙果园栽培管理。施足基肥，合理密植，适度修剪过密枝条，培育健壮植株；施肥应以有机肥为主，并根据土壤肥力条件施用钙肥、钾肥等，提高其抗性。

②彻底清除病枝。结合修剪和冬季清园，彻底剪除树上的病枝，并集中销毁。

③春季、夏季、秋季及时喷施农药；冬季通过喷施防冻液或

者覆盖稻草等措施避免枝条受到冷害。农药可选用 70% 甲基托布津可湿性粉剂 1 000 倍液、45% 咪鲜胺水乳剂 800~1 000 倍液、60% 百泰水分散粒剂 1 000~1 500 倍液、80% 代森锰锌可湿性粉剂 500~700 倍液或 25% 敌力脱乳油 2 000~2 500 倍液等。

6. 茎枯病

（1）病原菌

火龙果茎枯病病原为附球菌属（*Epicoccum latusicollum*）。

（2）为害症状

此菌为害火龙果枝蔓，发病初期形成褐色凹陷或者凸起圆斑（图 90）；嫩茎有伤口时，病斑迅速扩展，病部周围组织褪绿凹陷呈干腐状（图 91）。

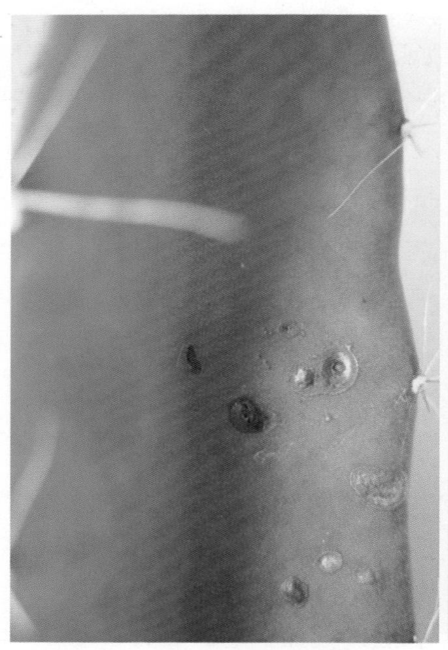

图 90　火龙果茎枯病发病初期症状

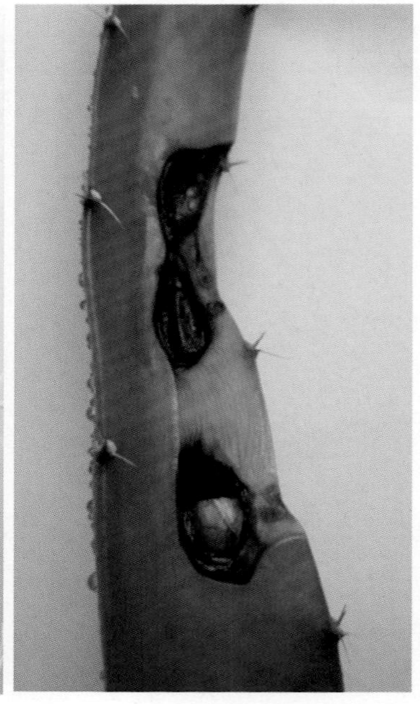

图 91　火龙果茎枯病发病后期症状

（3）发生流行规律

病菌以菌丝体或分生孢子器在病株和病残体上存活越冬。当温度、湿度适宜时，产生分生孢子，借助风雨或昆虫传播。病菌发育最适宜温度为26℃，高温高湿有利于发病。当火龙果枝蔓有伤口时，该病菌即可侵入植株为害。

（4）防治方法

①加强种苗检疫。对引入新种植区的火龙果苗进行检疫，禁止病菌带入新区。

②加强火龙果园栽培管理。合理密植，培育健壮植株，施肥应以有机肥为主，并根据土壤肥力条件施用钙肥、钾肥等，提高其抗性。

③彻底清除病枝。结合修剪和冬季清园，彻底剪除树上的病枝，并集中销毁。

④药物防治。高温多雨时可喷施10%苯醚甲环唑水分散粒剂1 000~1 500倍液、250克/升丙环唑乳油2 000~2 500倍液、64%噁霜·锰锌可湿性粉剂2 000~2 500倍液或430克/升戊唑醇悬浮剂2 000~2 500倍液等农药防治。

7. 基腐病

（1）病原菌

火龙果基腐病病原为瓜果腐霉（*Pythium aphanidermatum*）。

（2）为害症状

此菌主要为害新种植的扦插苗或者幼嫩的组培苗，为害时期多为潮湿阴雨天气。发病部位始于与土壤接触的茎基部，茎基部呈黄褐色软腐状，病健交界处呈现黑色，湿度过大时，软腐组织长有白色菌丝。病害蔓延迅速，为害严重时可导致整个扦插枝条腐烂（图92）。

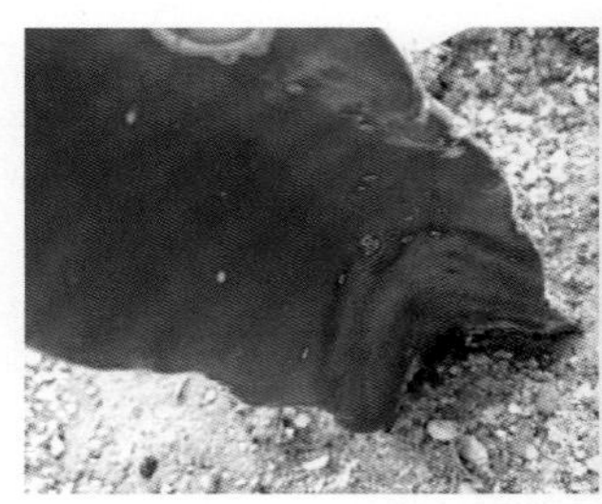 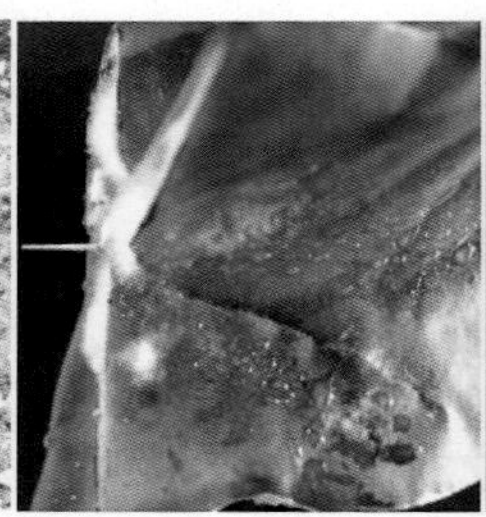 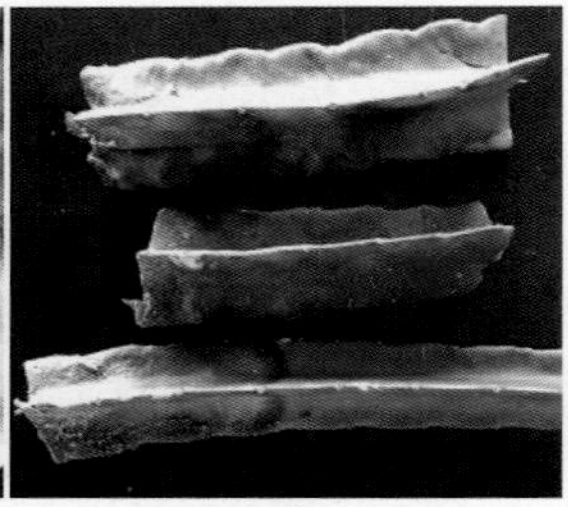

图 92　火龙果基腐病症状

（3）发生流行规律

病原菌以菌丝体在病组织内越冬，以卵孢子在土壤中越冬。环境条件适宜时即可形成孢子囊，经风雨和流水传播。在大棚内育苗时，由于湿度大、通透性差，发病严重。

（4）防治方法

①新种植的扦插苗选择在地势较高、土质疏松、排灌方便的地方。基肥要充分腐熟；营养钵育苗，基料配制应合理，原料应先行堆沤充分腐熟，已经使用过的旧基料，尤其是曾发生过基腐病的，禁止再用；种植不应过密，保持通透性良好。发病季节经常检查和巡视苗圃，随时移出病枝并集中销毁。

②清除病枝后应及时喷药，有效药剂有 58% 瑞毒霉 · 锰锌可湿性粉剂 1 000~1 500 倍液、64%噁霜·锰锌可湿性粉剂 1 000~1 500 倍液或 68%精甲霜 · 锰锌水分散粒剂 1 000~1 500 倍液。

8. 果腐病

（1）病原菌

火龙果果腐病病原为桃吉尔霉（*Gilbertella persicaria*）。

（2）为害症状

此菌存在于土壤、禾草、空气等环境中，可为害授粉后的花，幼果和采后贮运的果实。火龙果的花授粉后花瓣萎蔫，遇潮湿多雨闷热天气时，花瓣易感染桃吉尔霉，变褐软腐，并长出灰色霉层，

图 93　果腐病为害花的症状

产生大量孢囊孢子（图93）；当花的柱头携带病原菌时，在授粉受精过程中潜伏在子房内，随着果实膨大为害幼果，感病幼嫩果实停止膨大，提前转红，果实心部发生褐变并由内向外腐烂（图 94）；潜伏在成熟果实上的病菌，待果实成熟贮运过程中为害果实，感病果实初期呈水渍状软腐（图95），后期果实上长有大量灰黑色霉层，传播迅速。

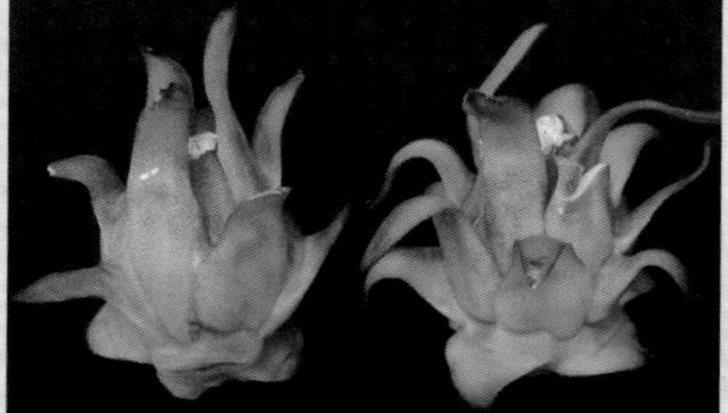

图 94　果腐病为害幼果的症状

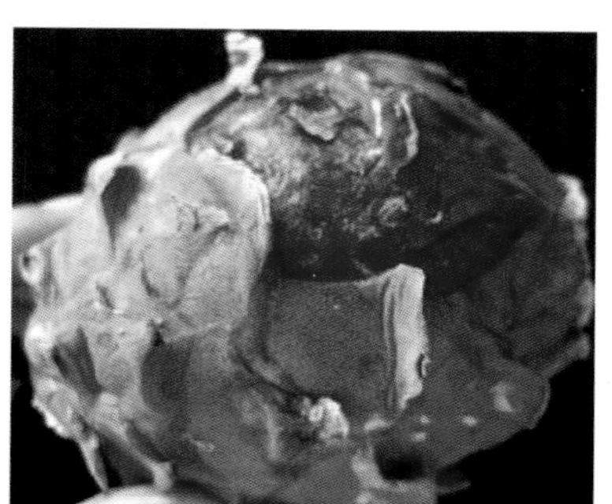
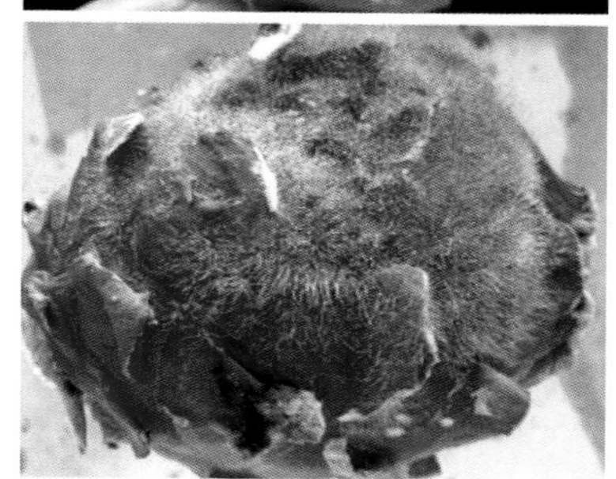
图 95　果腐病为害成熟果实的症状

（3）发生流行规律

桃吉尔霉多为腐生菌，高温多雨、通风不佳的环境易导致病害发生，如果果园授粉后的花上布满霉层，极易造成幼果的心腐病。成熟果实在采后贮运过程中，适宜温度为30℃左右，黑暗条件下极易发生该病害。

（4）防治方法

①加强火龙果园栽培管理。合理密植，通风透光，培育健壮植株。

②授粉后的花极易感染此病菌，在劳动力允许的情况下可以人工剪除花瓣，切勿随地乱扔，要集中处理。

③果实采收后，低温贮藏。

（二）非侵染性病害及防治

1. 根腐病

（1）症状

根部受到伤害后，地上部枝蔓失水（图96）。造成火龙果发生根腐病的因素较多，主要有浇水过多过勤、施肥过浓、种植过深、地下害虫、机械损伤、施用未腐熟的有机肥等。火龙果根腐病具有发病快、传播快、为害重的特点，严重时可导致大幅减产，甚至全园死苗。

（2）防治方法

①水分管理。应结合不同季节确定浇水次数、浇水量和间隔期，切忌浇水过勤和过多造成沤根、烂根。

②施肥管理。火龙果土壤要求含有较多有机质，施用有机肥时应充分腐熟（最好施入商业化的生物有机肥），避免同根系直接接触。

③规范农事操作。尽量减少对火龙果根系的机械损伤。

④防治地下害虫、根结线虫。

图 96　根腐病症状

2. 低温为害

（1）症状

火龙果生长的适宜温度为 25~35℃，临界低温为 0℃。当温度为 8~15℃时，火龙果会出现“冷害”，嫩枝上布满铁锈状斑点（橘黄色“霜风斑”），导致生长发育出现机能障碍（图 97）。温度为 0~8℃时，火龙果会遭受“寒害”，幼嫩的枝蔓出现黄色霜冻斑点，可造成生理的机能障碍。成熟茎发生“寒害”后，甜菜素积累，茎部呈现红紫色斑点（图 98），后期斑点木栓化，影响光合作用。最低温度 0℃以下且持续时间 48 小时以上时，火龙果成熟枝条受到

图 97　冷害症状

"冻害"，引起火龙果枝蔓组织脱水而结冰，老枝蔓可能出现组织伤害或死亡，严重时会导致植株死亡（图 99）。

图 98　寒害症状

图 99　冻害症状

（2）防治方法

预防冷害的方法见"五、田间管理技术（六）越冬防寒技术"。

3. 日灼

（1）症状

火龙果虽然耐高温，但是面对南方持续高温天气或在塑料大棚里种植（不揭棚的果园）会出现日灼伤害，主要表现为花苞或幼花发黄脱落（图 100）、幼果黄化脱落、果小（图 101）、枝蔓发黄或出现日灼斑（图 102）等。日灼为害过的枝蔓遇到雨天容易腐烂。

图 100　花受日灼症状

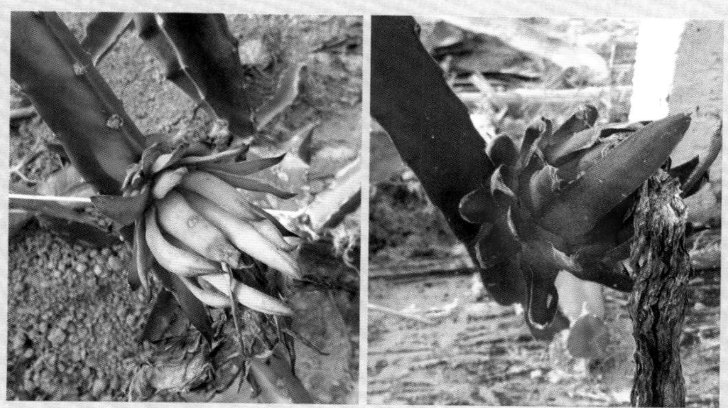

图 101　幼果受日灼症状

图 102　枝蔓受日灼症状

（2）预防高温为害的方法

①架遮阳网遮阴。夏季中午太阳照射强烈，温度高，阳光直射到火龙果枝蔓或果实上易出现灼伤。架设遮阳网遮阴不但可以降低温度，还可以防止阳光灼伤火龙果枝蔓和果实。大棚种植火龙果除架设遮阳网遮阴外，还要加强通风，降低棚温。

②其他措施。通过安装喷雾器、果实套袋、叶面喷施氨基酸叶面肥等降低高温为害。

4. 除草剂为害

除草剂可为害三角茎和果实。枝蔓接触除草剂后会出现成片褪绿斑、失水（图 103），受到为害的枝蔓下雨后易腐烂；根系吸收到激素型除草剂后，枝蔓顶端会出现易脆的丛生根（图 104），果皮变厚、开裂，鳞片厚而卷曲，果实成熟后着色不均匀（图 105）。

图 103　枝蔓接触除草剂后症状

图 104　除草剂促使枝蔓顶端出现易脆的丛生根

图 105　除草剂导致果实发育不正常

（三）主要虫害及防治

1. 实蝇

（1）为害症状

当火龙果果皮快转红时，实蝇会在成熟的果实表皮内产卵，孵化后幼虫取食果肉，导致烂果、裂果，被害果实表面完好，细看有虫孔，用手按一下有汁液流出，扒开果皮后果肉已腐烂，有许多蛆虫（图 106）。

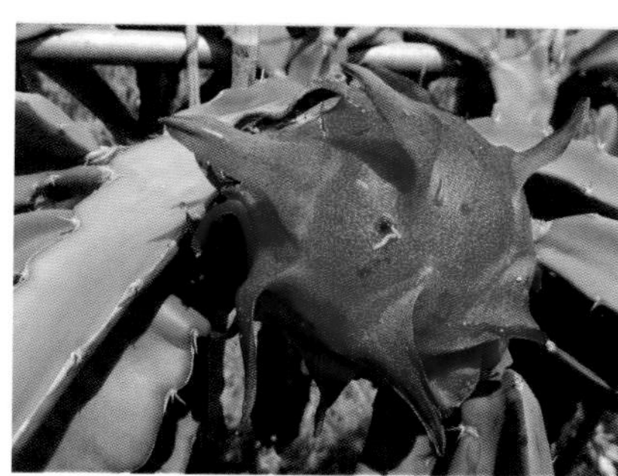

图 106　实蝇为害症状

（2）防治方法

① 冬季或早春松翻园土，减少冬期虫口基数。

② 摘除、销毁腐烂果实和落地果实。

③ 诱杀成虫。可以用甲基丁香酚引诱剂诱杀实蝇的雄虫；也可以用猎蝇诱杀剂或用糖液加敌百虫来诱杀实蝇（雌雄双杀）（图107）。

④ 开花 2 周后套果袋，防止成虫产卵（图 108）。

图 107　引诱剂诱杀实蝇

图 108　套袋预防实蝇

⑤ 药剂防治。可选用1.8%阿维菌素乳油1 500倍液、0.5%甲维盐乳油3 000倍液、15%安打悬浮剂3 000倍液或50%灭蝇胺可湿性粉剂3 000倍液喷雾防治。同时，随时检查成虫出土时间，用48%乐斯本乳油1 000倍液喷洒地面，可杀死大量出土的幼虫。

2. 斜纹夜蛾

（1）为害症状

斜纹夜蛾属于暴食性害虫，初龄幼虫啮食幼嫩枝蔓、花蕾、花及幼果，4龄以后进入暴食，咬食枝蔓后仅留木质部分（图109）。

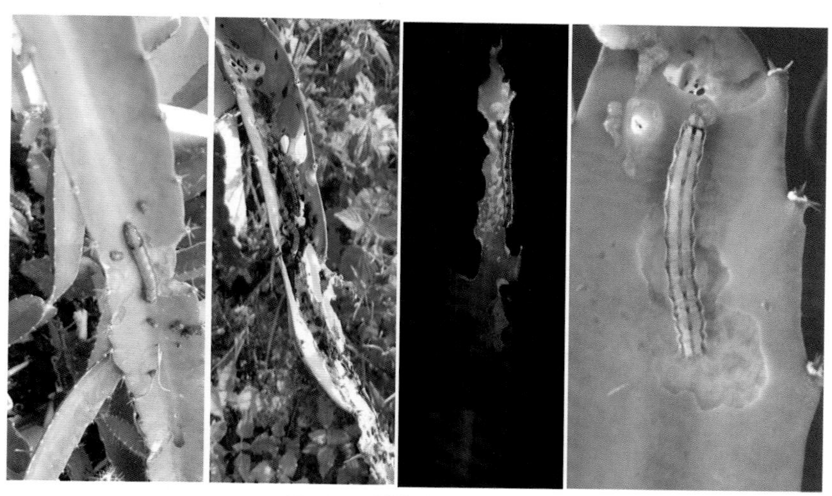

图109 斜纹夜蛾为害症状

（2）防治方法

① 清除杂草，收获后翻耕晒土或灌水，以破坏或恶化其化蛹场所，有助于减少虫源。

② 结合管理，随手摘除卵块和群集为害的初孵幼虫，以减少虫源。

③ 点灯诱蛾。利用成虫趋光性，于盛花期点灭蛾灯或黑光灯诱杀。

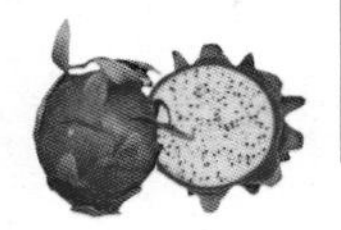

④ 糖醋诱杀。利用成虫趋化性配糖醋（糖：醋：酒：水=3：4：1：2）加少量敌百虫诱杀。

⑤ 用柳枝蘸洒敌百虫 500 倍液诱杀。

⑥ 化学防治。在卵孵高峰期用 5% 卡死克乳油 2 000~2 500 倍液，在低龄幼虫始盛期用 0.5% 三令乳油 1 500~2 000 倍液、48% 乐斯本乳油 1 000 倍液、40% 新农宝乳油 1 000 倍液或甲氨基阿维菌素苯甲酸盐、菊酯等药剂，喷雾防治。

3. 介壳虫

（1）为害症状

介壳虫主要为害火龙果枝蔓。介壳虫往往是雄性有翅，能飞；雌虫和幼虫终生寄居在枝蔓上，使枝蔓不能进行光合作用，茎部腐烂，导致树势衰退（图 110 和图 111）。

图 110　不同介壳虫为害症状

图 111　堆蜡粉蚧为害症状

注：a. 堆蜡粉蚧为害幼嫩枝蔓；b. 堆蜡粉蚧为害花蕾；c. 堆蜡粉蚧为害幼果

（2）防治方法

① 加强植物检疫。如发现介壳虫，应采取各种有效措施加以消灭，防止虫害进一步传播扩散。

② 人工防治。在火龙果果园中，发现有介壳虫的枝蔓，可用软刷轻轻刷除，或结合修剪，剪去虫枝。要求刷净、剪净，集中烧毁病枝，切勿乱扔。

③ 保护和利用天敌。如捕食吹绵蚧的澳洲瓢虫、大红瓢虫，寄生盾蚧的金黄蚜小蜂、软蚧蚜小蜂、红点唇瓢虫等都是有效天敌，可以用来控制介壳虫的为害，应加以合理保护和利用。

④ 药剂防治。根据介壳虫的各种发生情况，在若虫盛期喷药，此时大多数若虫刚孵化不久，体表尚未分泌蜡质，介壳亦未形成，喷药很容易将其杀死。药剂可用 50% 马拉硫磷乳油 1 500 倍液、25% 亚胺硫磷乳油 1 000 倍液、50% 敌敌畏乳油 1 000 倍液或 2.5% 溴氰菊酯乳油 3 000 倍液等喷雾。每隔 7~10 天喷 1 次药，连续 2~3 次。

4. 蜗牛

（1）为害症状

主要为害花、幼嫩枝蔓和果实。蜗牛以齿舌刮食花瓣、枝蔓、叶肉，造成花或枝蔓缺刻或穿孔（图 112）；为害果实会造成伤疤果（图 113）。防治蜗牛，必须抓紧在为害高峰期前夕，蜗牛上树为害之前进行。

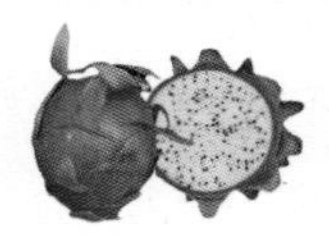

图 112　蜗牛为害花和枝蔓的症状

图 113　蜗牛为害果实的症状

（2）防治方法

① 及时清除果园杂草，及时中耕，排出积水。

② 在蜗牛发生期放鸡鸭啄食（图 114）。

③ 按照 1 : 6~1 : 8 的比例配制辣椒水（煮 0.5 小时左右），或用 1%~5% 食盐溶液于早晨 8：00 前及下午 6：00 后对树盘树体等喷射。

图 114　果园放鸭捕食蜗牛

④ 药剂防治。在蜗牛大量出现又未交配产卵的 4 月上中旬和大量上树前的 5 月中下旬进行。药剂每亩可用 6% 密达颗粒剂（灭蜗灵）465~665 克，或 10% 四聚乙醛（又名多聚乙醛、密达、蜗牛敌、灭蜗灵、低聚乙醛、密达等）颗粒剂 1 千克，拌土 10~15 千克，在蜗牛盛发期的晴天傍晚撒施；也可以用 2% 灭旱螺颗粒剂 330~400 克、45% 百螺敌颗粒剂 40~80 克或 5%~10% 硫酸铜溶液等喷雾。

5. 蚜虫

（1）为害症状

主要为害火龙果嫩茎、花和果。蚜虫为害时会排出蜜露，招来蚂蚁取食，同时还会引起煤烟病，导致果实着色不良（图 115）。

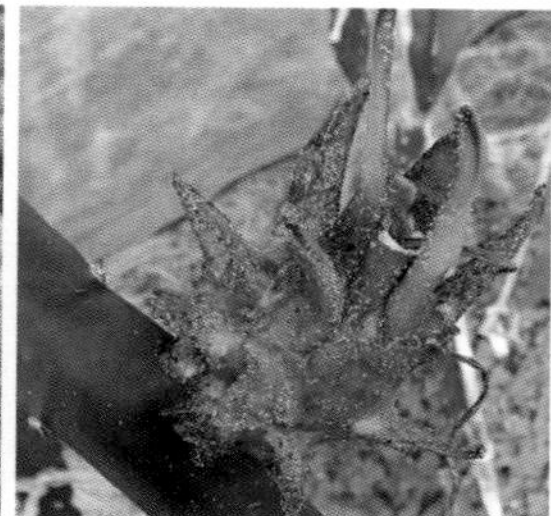

图 115　蚜虫为害花和果的症状

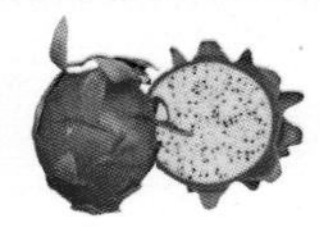

（2）防治方法

①人工防治。冬季在枝蔓基部刷白，防止蚜虫产卵；结合修剪，剪除被害的枝蔓、花和果，并集中烧毁，以降低越冬虫口；冬季刮除或刷除枝蔓上密集越冬的卵块，及时清理病枝、病果。

② 保护和利用天敌。蚜虫的天敌有瓢虫、草蛉、食蚜蝇和寄生蜂等，它们对蚜虫有很强的抑制作用。尽量少施广谱性农药，避免在天敌活动高峰时期施药，有条件的果园可人工饲养和释放蚜虫天敌。

③ 物理防治。蚜虫趋黄色，因此可在田间挂黄色粘虫板诱杀成虫（图 116），或按照 1∶6~1∶8 的比例配制辣椒水（煮半小时左右）、1∶20~1∶30 的比例配制洗衣粉水喷洒，也可按照 1∶20∶400 的比例配制洗衣粉、尿素、水混合溶液喷洒，连续喷洒植株 2~3 次。

图 116　挂黄色粘虫板诱杀蚜虫

④ 药剂防治。发现大量蚜虫时，及时喷施农药。用 50% 马拉松乳油 1 000 倍液、50% 杀螟松乳油 1 000 倍液、50% 抗蚜威可湿

性粉剂 3 000 倍液、2.5% 溴氰菊酯乳油 3 000 倍液、2.5% 灭扫利乳油 3 000 倍液或 40% 吡虫啉可湿性粉剂 1 500~2 000 倍液等，喷洒植株 1~2 次。

6. 蚂蚁

（1）为害症状

火龙果幼嫩枝蔓、花和果会分泌一种类似糖蜜的物质，蚂蚁喜甜，从而招致为害。火龙果的花、枝蔓和果实被蚂蚁啃食之后会产生伤口（图 117），遇到雨水、露水等，再加上高温高湿的环境，很容易引起其他病害的发生。被蚂蚁为害过的枝蔓会腐烂，很容易被误认为是茎腐病。

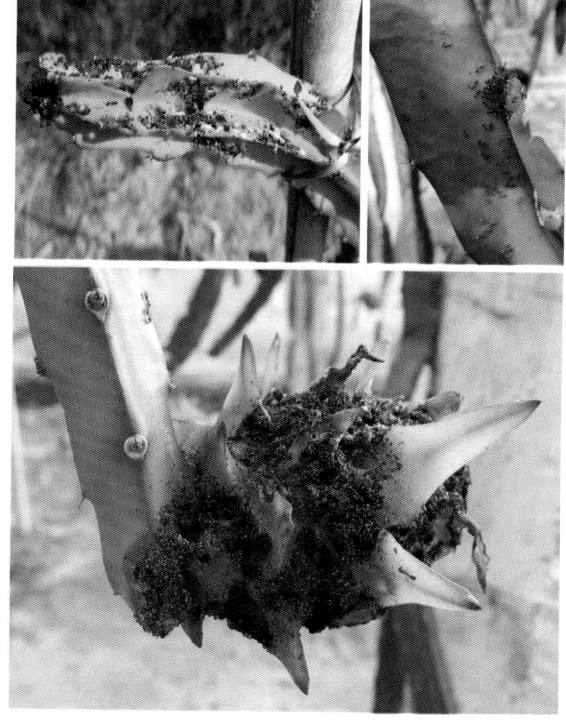

图 117　蚂蚁为害症状

（2）防治方法

① 及时清除果园杂草，及时中耕，破坏蚁穴和隧道。

② 药剂防治。利用毒饵毒杀：取 5 千克麦麸放进锅内炒香，冷却后用 50% 辛硫磷乳油 500 倍液喷洒在麦麸上，充分搅拌均匀，再用 0.5 千克蜂糖兑水 1.5 千克洒在麦麸上面，混匀后即成毒饵。把毒饵撒在蚂蚁途经的地方，可起到灭蚁的作用。药剂喷雾防治用 45% 马拉硫磷乳油 1 000 倍液、26% 辛硫 · 高氯氟乳油 1 000 倍液或 2.5% 高效氯氟氰菊酯乳油 +3.2% 阿维菌素乳油 +25% 吡蚜酮乳油喷雾，可达到理想的防治效果。

（四）鼠害及防治

（1）为害症状

主要为害幼果和成熟果（图 118），没有果实时老鼠也会啃食火龙果枝蔓。

图 118　果实被老鼠为害后的症状

（2）防治方法

① 生态控制。及时清除果园内杂草，并利用各种耕作和栽培管理措施改变老鼠的生活环境，使之不利于老鼠的繁殖和生存。

② 物理防治。用捕鼠夹、捕鼠笼和粘鼠板等捕鼠器械进行防治。

③ 生物防治。利用捕食性天敌动物、病原微生物等进行灭鼠。

④ 化学防治。用杀鼠剂、驱避剂等有毒化合物防治害鼠（图 119），但要注意避免对人、畜及有益动物造成毒害，避免污染环境。

图 119　放杀鼠剂防治

八、采收及贮运保鲜技术

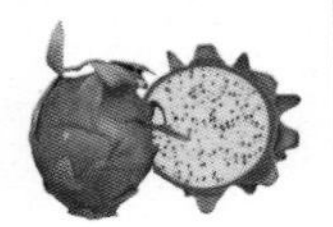

（一）采收时期

火龙果的采收期是影响果实品质的重要因素之一，不仅影响当批次果的产量、品质和贮藏，对植株的营养积累、花芽分化和下一批次果的产量也有明显影响。采收过早，果实生长发育和营养成分积累还没有完成，直接影响产量和品质；采收过迟，可能会引起裂果，导致风味变淡，品质下降，也不利于运输和贮藏，从而影响商品价值。需要长距离运输的可以适当早摘，一般果皮转成暗红色后即可采摘；只需短期存放的可适当延后采收时间，一般果皮完全变红 1~3 天，呈现出光泽再采摘，此时果顶盖口会出现皱缩或轻微裂口（图 120）。

图 120　火龙果成熟期间颜色变化

（二）采收时间

采收时间以晴天上午、露水干后为宜。若遇台风季节，应尽量在台风来临之前摘完；雨天和风雨过后应隔 2~3 天采收。采果时，用枝剪由果梗部位剪下并附带部分茎肉，轻放于果筐中。同一批果 1~3 天采完。采收的果实要及时运到阴凉的地方，否则会因温度过高，果实呼吸作用旺盛而降低贮存效果和品质。采收和搬运时应尽量避免碰撞挤压，严防机械损伤，减少果实腐烂。

（三）分级与包装

采收后立即剔除病虫果、裂果、次果、机械伤果等不合格果实，可以采用人工（图 121）或分拣机（图 122）按果实大小进行分级，分级后的果实放入清水池中冲洗干净，然后装筐或包装入库（图 123）。

图 121　火龙果采收后人工分级

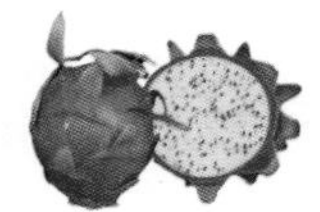

图 122　火龙果采收后分拣机分级

图 123　火龙果采收后装筐

（四）贮运保鲜

火龙果属于非呼吸高峰型果实，采收期主要集中在 7—10 月，此时温度高，呼吸作用强烈，果实很容易失水皱缩或腐烂而失去商品价值。常温条件下，火龙果贮藏 3 天鳞片会出现黄化、萎蔫现象；贮藏 7 天果皮会出现明显皱缩现象，且鳞片萎蔫严重；贮藏 10 天左右部分鳞片基部和果脐开始腐烂。

火龙果保鲜的方法主要有低温保鲜、涂膜保鲜、化学保鲜剂保鲜、热处理保鲜、辐照处理保鲜等。到目前为止，火龙果最有效、最理想的保鲜方法是低温贮藏。低温贮藏可有效地控制微生物生长繁殖，从而延缓火龙果衰老和腐败变质。适宜火龙果贮藏的温度因品种、产地、季节和相对湿度不同而有差异。目前研究表明，适宜于火龙果贮藏的温度为 5~10℃，在相对湿度为 80%~90% 的环境中，可以贮藏 20 天以上（图 124 和图 125）。温度过低，易使火龙果果实发生冷害，果皮会出现凹陷等症状；温度过高，则有利于病原微生物的滋生进而加快果实的衰老和腐烂。

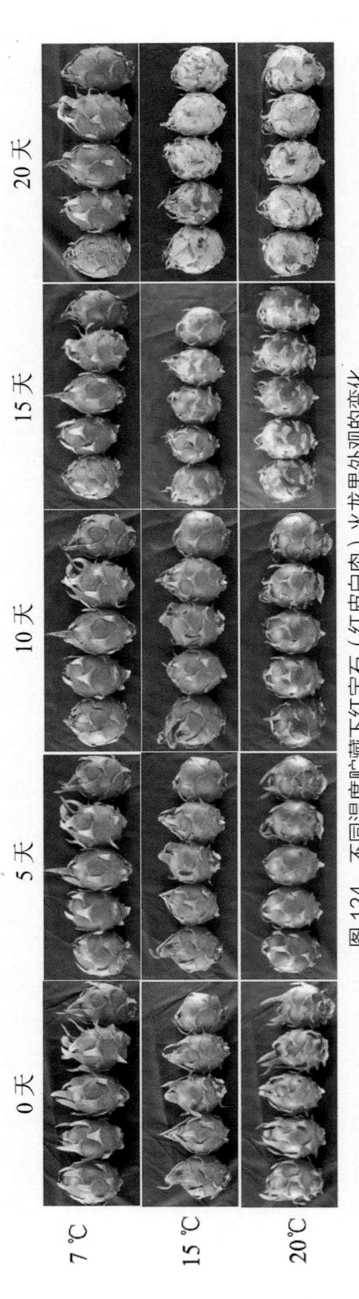

图 124　不同温度贮藏下红宝石（红皮白肉）火龙果外观的变化

图 125　不同温度贮藏下大叶水晶（红皮红肉）火龙果外观的变化